海洋能开发利用技术进展 2021

麻常雷　主编

海洋出版社

2023 年·北京

图书在版编目(CIP)数据

海洋能开发利用技术进展. 2021 / 麻常雷主编. -- 北京：海洋出版社，2023.4

ISBN 978-7-5210-1086-2

Ⅰ. ①海… Ⅱ. ①麻… Ⅲ. ①海洋动力资源-海洋开发-研究报告-中国-2021②海洋动力资源-资源利用-研究报告-中国-2021 Ⅳ. ①P743

中国国家版本馆 CIP 数据核字（2023）第 047399 号

责任编辑：苏　勤

责任印制：安　森

海洋出版社出版发行

http://www.oceanpress.com.cn

北京市海淀区大慧寺路8号　邮编：100081

鸿博昊天科技有限公司印刷　新华书店经销

2023 年 4 月第 1 版　2023 年 4 月北京第 1 次印刷

开本：787 mm×1092 mm　1/16　印张：6.75

字数：88 千字　定价：198.00 元

发行部：010-62100090　总编室：010-62100034

海洋版图书印、装错误可随时退换

编者说明
Bianzhe Shuoming

我国"碳达峰、碳中和"战略目标的提出，为海洋能开发利用技术向产业化发展提供了重要机遇。在《中华人民共和国国民经济和社会发展第十四个五年规划和 2035 年远景目标纲要》的指导下，我国正持续推进海洋能规模化利用。

为总结我国海洋能技术进展，为推动我国海洋能产业发展提供决策支持，国家海洋技术中心研究国内外海洋能动态，对最近一年我国海洋能技术进展进行了梳理和总结，编辑成《海洋能开发利用技术进展 2021》。本书引用数据时间截至 2021 年 12 月底。

本书由麻常雷主编，编写分工如下：第一章由张彩琳编写，第二章由历鑫（第一节）、陈利博（第二节）、盛松伟、王振鹏和陈利博（第三节）编写，第三章由王花梅（第一节）、石建军（第二节）、夏海南（第三节）、李健（第四节）编写，第四章由麻常雷和张多（第一节）、张彩琳（第二节）、麻常雷（第三节）编写，第五章由历鑫编写。麻常雷负责统稿和全书审阅。

在本书的编写过程中，自然资源部海洋战略规划与经济司给予了重要指导，江厦潮汐试验电站、海山潮汐电站、LHD 公司、浙江大学、中国科学院广州能源研究所等单位提供了相关资料和数据支持。书中难免有不完善之处，诚挚希望读者提出批评和指正。

麻常雷

2022 年 10 月

M目录
uLu

第一章　我国海洋能发展政策

2021 年，国务院及相关部委制定并发布了多个涉及海洋能开发利用的政策规划，沿海省市为加快推动我国海洋能技术产业化发展营造了积极环境。

第一节　政策规划

一、国家层面相关政策规划

(一)《中华人民共和国国民经济和社会发展第十四个五年规划和 2035 年远景目标纲要》

2021 年 3 月，十三届全国人大四次会议表决通过了关于《中华人民共和国国民经济和社会发展第十四个五年规划和 2035 年远景目标纲要》(以下简称《"十四五"规划》)的决议。

《"十四五"规划》在第九篇"优化区域经济布局 促进区域协调发展"第三十三章"积极拓展海洋经济发展空间"中提出，建设现代海洋产业体系，推进海水淡化和海洋能规模化利用。

（二）《关于完整准确全面贯彻新发展理念做好碳达峰碳中和工作的意见》

2021年10月，中共中央、国务院发布《关于完整准确全面贯彻新发展理念做好碳达峰碳中和工作的意见》（以下简称《碳达峰碳中和工作意见》）。

《碳达峰碳中和工作意见》在"加快构建清洁低碳安全高效能源体系"中提出实施可再生能源替代行动，大力发展风能、太阳能、生物质能、海洋能、地热能等，不断提高非化石能源消费比重。

（三）《2030年前碳达峰行动方案》

2021年10月，为深入贯彻落实党中央、国务院关于碳达峰、碳中和的重大战略决策，扎实推进碳达峰行动，国务院制定并印发了《2030年前碳达峰行动方案》（以下简称《碳达峰行动方案》）。

《碳达峰行动方案》在"能源绿色低碳转型行动"中提出大力发展新能源，探索深化地热能以及波浪能、潮流能、温差能等海洋新能源开发利用。

（四）《"十四五"能源领域科技创新规划》

2021年11月，为深入贯彻"四个革命、一个合作"（四个革命：推动能源消费革命，抑制不合理能源消费；推动能源供给革命，建立多元供应体系；推动能源技术革命，带动产业升级；推动能源体制革命，打通能源发展快车道。一个合作：全方位加强国际合作，实现开放条件下能源安全。）能源安全新战略和创新驱动发展战略，加快推动能源科技进步，根据"十四五"现代能源体系规划和科技创新规划工作部署，国家能源局、科学技术部联合编制并印发了《"十四五"能源领域科技创新规划》(以下简称《能源科技创新规划》)。

《能源科技创新规划》在"先进可再生能源发电及综合利用技术"重点任务中提出,聚焦大规模高比例可再生能源开发利用,研发更高效、更经济、更可靠的海洋能等可再生能源先进发电及综合利用技术。研发波浪能高效能量俘获系统及能源转换系统,突破恶劣海况下生产保障、锚泊等关键技术,实现深远海波浪能高效、高可靠发电。突破兆瓦级波浪能发电、潮流能发电以及海洋温差能发电等关键技术,开展海上综合能源系统工程示范。

二、沿海省市相关政策规划

(一) 浙江省海洋能相关政策规划

2021 年 5 月,浙江省印发《浙江省海洋经济发展"十四五"规划》,提出要稳妥推进国家级潮流能、潮汐能试验场建设,重点聚焦潮流能技术研发、装备制造、海上测试。支持建设潮流能产业示范区,保持海洋潮流能科技成果及产业发展的国际领先地位。

2021 年 5 月,浙江省印发《浙江省可再生能源发展"十四五"规划》,提出要形成以风、光、水和生物质发电为主,海洋能和地热能综合利用为辅的多元发展新格局,以因地制宜高质量发展生物质能、地热能、海洋能等为目标。集约化打造海上风电+海洋能+储能+制氢+海洋牧场+陆上产业基地的示范项目,鼓励海洋能装备研发,推动海洋能开发利用新技术、新装备的创新研发与示范应用,加快以大容量潮流能发电装置为代表的核心装备升级,保持浙江省在海洋能技术研发与应用方面的领先地位,为海洋能规模化、商业化提供技术储备和装备支持。积极探索海洋能在海岛能源供给和海洋水产养殖电力供应方面的推广应用。

2021 年 5 月，浙江省印发《浙江省海洋生态环境保护"十四五"规划》，提出要推进海洋新能源示范应用，有序开展海洋潮流能并网示范工程建设，充分利用全省丰富的潮流能、潮汐能资源，加快建设国家级潮流能、潮汐能试验场。

2021 年 6 月，浙江省印发《浙江省循环经济发展"十四五"规划》，提出要大力发展风能、太阳能、海洋能等可再生能源，重点发展海洋能开发利用装备制造等。要有序建成单机兆瓦级海洋潮流能泊位，开展百兆瓦级海洋潮流能并网示范工程建设，带动相关产业集聚。

2021 年 11 月，浙江省台州市印发了《台州市海洋经济发展"十四五"规划》，提出要持续做强海洋新能源产业，稳步发展海洋能设备制造。

(二)广东省海洋能相关政策规划

2021 年 4 月，广东省发布《广东省国民经济和社会发展第十四个五年规划和 2035 年远景目标纲要》，提出要积极推进深远海浮式海上风电场建设，支持潮汐能、波浪能、海流能等示范工程建设。探索开展漂浮式海上风电、海洋波浪能、氢能、储能等创新示范。

2021 年 12 月，广东省印发《广东省海洋经济发展"十四五"规划》，提出要开展海洋可再生能源示范利用；开展海洋能精细化调查与评估；支持海洋潮汐能、潮流能、波浪能、温差能、盐差能、海水制氢等海洋可再生能源示范利用；孵化海洋能开发、装备制造及测试服务企业；重点加强波浪能、温差能技术研发和产业化，引导研发、设计、示范、测试、施工、运维等上下游企业集聚发展；开展多种能源集成的海上"能源岛"建设。

2021 年 8 月，广东省湛江市印发《湛江市国民经济和社会发展第十四个五年规划和 2035 年远景目标纲要》，提出要统筹发展海洋经济，推广海洋能利用新业态，支持徐闻建设海洋装备产业园与海洋能源立体综合开发示范项目。

（三）山东省海洋能相关政策规划

2021 年 8 月，山东省印发《山东省能源发展"十四五"规划》，提出统筹推进生物质能、地热能、海洋能等清洁能源多元化发展，积极开展海洋能利用研究和示范，探索波浪能、潮流能与海上风电综合利用，推进海洋能协同立体开发。

2021 年 10 月，山东省印发《山东省"十四五"海洋经济发展规划》，提出要加强海洋能资源高效利用技术装备研发和工程示范，支持海上风电、潮汐能等海洋能规模化、商业化发展，打造海洋新能源示范引领高地，探索推进"海上风电+海洋牧场"、海上风电与海洋能综合利用等新技术、新模式。

（四）海南省海洋能相关政策规划

2021 年 3 月，海南省印发《海南省国民经济和社会发展第十四个五年规划和二〇三五年远景目标纲要》，提出培育壮大深海科技、海洋生物医药、海洋信息、海水淡化、海洋可再生能源、海洋智能装备制造等新兴海洋产业。试点推进海洋能开发利用。

2021 年 6 月，海南省发布《海南省海洋经济发展"十四五"规划（2021—2025 年）》，提出加强海洋能综合利用，推进波浪能工程化应用，重点建设一批发电示范项目，选取波功率密度较大、水深适宜、离岸较近的海域建设海南省本岛波浪能电站示范工程，加快岛礁波浪能示范工程建设；支持温差能综合利用技术探索和创新，论证海南省温差能建设基地，开展适用于南海海域的温差能发电装置研发，制定阵列化排布方案，引入生产制造企业；开展海岛可再生能源多能互补示范，结合"生态岛礁"工程，在海上风能、波浪能资源丰富区域建立风浪耦合电站，实现海洋能互补供电；推动海洋能技术攻关，以"海洋能+制氢""海洋能+海水淡化""海洋能+养殖"等"海洋能+"利用的产业发展新技术、新业态为突破口，形成技术领域的比较性优势；大力发展海洋能装备制造业，重点开发 50~100 kW 模块化、系列化波浪能装备。

2021 年 10 月，海南省发布《海南省"十四五"时期产业结构调整指导意见》，提出要依托三亚深海科技城建设，聚焦深海能源等领域，推进深海科技产业发展。建设国家海洋综合试验场(深海)。

（五）福建省海洋能相关政策规划

2021 年 3 月，福建省印发《福建省国民经济和社会发展第十四个五年规划和 2035 年远景目标纲要》，提出培育壮大海洋高新产业，发展海洋工程装备、海洋生物科技、海洋可再生能源、海水综合利用、海洋环保、海洋信息服务等产业。

2021 年 5 月，福建省印发《加快建设"海上福建"推进海洋经济高质量发展三年行动方案(2021—2023 年)》，提出推进海上风电与海洋养殖、海上旅游等融合发展，探索建设海洋综合试验场。

2021 年 10 月，福建省印发《福建省"十四五"战略性新兴产业发展专项规划》，提出要积极发展海洋潮汐能和波浪能装备，加快筹建海洋潮汐能发电技术重点实验室，加快开展海洋潮汐能发电技术研究、试点工作，重点开发潮汐能发电技术，突破低水头、大流量、环境友好型潮汐能技术装备，探索研究潮波相位差发电和动态潮汐能技术等新型潮汐能发电技术。鼓励建设海岛中型规模潮汐能示范电站，推动潮汐能电站的并网规模化应用并积极推进能源岛、清洁能源基地建设。探索推进波浪能发电装置研发应用。

2021年11月，福建省印发《福建省"十四五"海洋强省建设专项规划》，提出要培育海洋能源产业，探索建设海洋综合试验场。

（六）天津市海洋能相关政策规划

2021年6月，天津市发布《天津市海洋经济发展"十四五"规划》，提出要攻关海洋能高效开发与多能互补技术，建立精确、可靠、可控的波浪、潮流及波流耦合试验测试环境。

（七）江苏省海洋能相关政策规划

2021年8月，江苏省印发《江苏省"十四五"海洋经济发展规划》，提到要推进海洋生物能、潮汐能等海洋可再生能源开发利用研究，探索商业化开发利用。

（八）辽宁省海洋能相关政策规划

2021年10月，辽宁省印发《辽宁沿海经济带高质量发展规划》，提出大力发展海洋经济，推动海洋能规模化利用。

（九）广西壮族自治区海洋能相关政策规划

2021年12月，广西壮族自治区印发《广西向海经济发展战略规划（2021—2035年）》，提出要探索推进潮汐能发电、潮流能和波浪能示范。

第二节　资金计划

在海洋可再生能源专项资金、国家重点研发计划、国家自然科学基金等持续支持下，我国海洋能技术在基础科学研究、关键技术研发、工程示范等方面取得了较大进展。

一、海洋可再生能源专项资金

海洋可再生能源专项资金(以下简称"专项资金")自 2010 年 5 月设立以来，取得了较为显著的成效，使我国海洋能开发利用水平和规模迈入世界第一方阵，充分发挥了中央财政资金在落实海洋强国建设、支持产业结构调整、培育战略性新兴产业等方面的引导作用。

2021 年，受新冠病毒疫情持续影响，在研的专项资金项目在加工建造、产业链供应、海事活动管控等环节均受到不同程度的影响。截至 2021 年底，专项资金共有 5 个在研项目(表 1.1)。

表 1.1　在研专项资金项目统计

序号	项目名称	承担单位	立项时间
1	舟山潮流能示范工程建设	中国长江三峡集团公司、上海勘测设计研究院有限公司等	2015 年
2	南海兆瓦级波浪能示范工程建设	广州中科环能科技有限公司、中国科学院广州能源研究所等	2017 年
3	海上仪器设备海洋能供电系统示范	中电科海洋信息技术研究院有限公司、哈尔滨工业大学(威海)等	2017 年
4	舟山潮流能并网示范工程建设	杭州林黄丁新能源研究院有限公司、舟山林东潮流发电有限公司	2018 年
5	高可靠海洋能供能装备应用示范	珠海天岳科技股份有限公司、中国科学院电工研究所等	2018 年

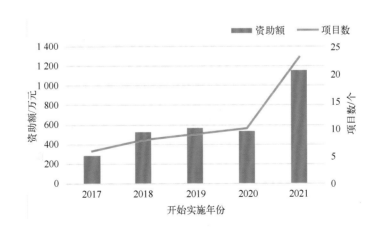 第一章 我国海洋能发展政策 WOGUO HAIYANGNENG FAZHAN ZHENGCE

二、国家重点研发计划

为支持海洋能关键技术创新，"十四五"国家重点研发计划设立了可再生能源技术重点专项，共设立了"太阳能光伏""风能""生物质燃料""交叉与基础前沿"四个方向。海洋能被列入"交叉与基础前沿"方向。

三、国家自然科学基金

为支持我国海洋能基础理论研究能力的提升，近年来，国家自然科学基金对海洋能领域相关科学问题研究给予了持续支持，夯实了我国海洋能技术发展的理论基础。

2021年，共有23个海洋能项目获得国家自然科学基金的支持开始实施，总经费为1 155万元。波浪能方向的项目占比超过80%。2021年，海洋能获批项目和总经费均创近年来新高(图1.1)。

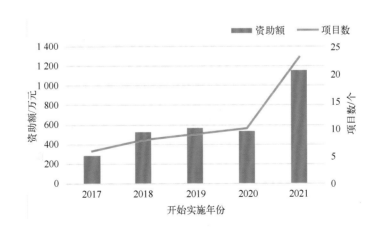

图1.1　国家自然科学基金海洋能项目年度资助经费及项目数量统计

第二章　我国海洋能技术进展

　　2021 年，我国已建的潮汐能电站、潮流能示范工程和波浪能示范工程运行良好，潮流能和波浪能技术持续改进。

　　以 CNKI 数据库中 2017—2021 年海洋能文献数据为对象，分析我国海洋能近年来研究热点。可以看出，2017—2021 年，排名前十的关键词分别是波浪能、潮流能、数值模拟、潮汐能、水轮机、振荡浮子、发电装置、振荡水柱、能量转换和模型试验(图 2.1)。分析结果表明，波浪能和潮流能是我国海洋能研究的热点领域，潮流能技术及发电装置研发重点在水动力性能、水轮机，波浪能技术及发电装置研发重点在数值模拟、振荡浮子式、振荡水柱式等方面。

图 2.1　2017—2021 年我国海洋能领域研究热点

第一节　潮汐能技术进展

　　我国目前在运行的潮汐能电站包括江厦潮汐试验电站和海山潮汐电站，前期完成多个万千瓦级潮汐电站预可研。

一、江厦潮汐试验电站

　　江厦潮汐试验电站是我国第一座单库双向型潮汐电站（图2.2），首台机组于1980年并网发电，先后经过多次升级改造，电站现装有6台机组，总装机容量为4.1 MW。目前，正在电站库区安装$10×10^4$ kW海上光伏电站。

图2.2　江厦潮汐试验电站

　　截至2021年底，江厦潮汐试验电站累计并网发电量约$2.41×10^8$ kW·h，其中，2021年并网发电量约$5.5×10^6$ kW·h，上网电价为2.58元/（kW·h）。

二、海山潮汐电站

海山潮汐电站是我国第一座双库单向型潮汐电站(图2.3),首台机组于1975年并网发电,经过两次扩建后,海山潮汐电站总装机容量为250 kW(2×125 kW)。2019年,电站启动第三次增容改造,将其中一台立式机组改造为卧式新型机组,现仅有一台机组在运行。截至2021年底,新建机组已完成制造,等待入场安装。

图2.3 海山潮汐电站(左)、上水库(中)及发电机组(右)

截至2021年底,海山潮汐电站累计并网发电量超过 1.01×10^7 kW·h,其中,2021年并网发电量 1.1×10^5 kW·h,上网电价为0.46元/(kW·h)。

第二节　潮流能技术进展

我国潮流能技术总体水平近年来提升较快,截至2021年底,共有约40台机组完成海试,最大单机功率650 kW,部分机组实现了长期示范运行,使我国成为世界上为数不多的掌握规模化潮流能开发利用技术的国家。

对 CNKI 数据库中 2017—2021 年潮流能文献的分析表明，我国潮流能研究热点主要集中在数值模拟、水轮机、导流罩、翼型、发电机组、流固耦合、水槽试验等方面(图 2.4)。

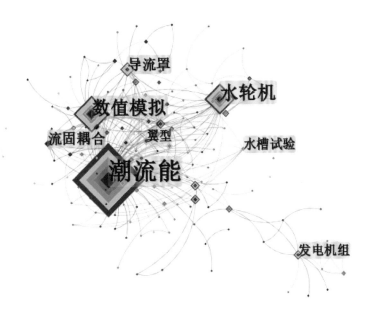

图 2.4 2017—2021 年我国潮流能研究热点

一、LHD 模块化潮流能发电技术

浙江舟山联合动能新能源开发有限公司在舟山秀山岛海域建造了潮流能示范工程。2016 年 8 月，首期 1 MW 机组(包括 2 台 200 kW 和 2 台 300 kW 垂直轴式机组)实现并网发电，自 2017 年 5 月连续发电并网运行。2018 年 11 月，安装了 2 台 200 kW 垂直轴式机组。2018 年 12 月，安装了 1 台 300 kW 水平轴式机组。2019 年 6 月，浙江省发展改革委为该示范工程批复了临时上网电价，自机组并网之日起执行 2.58 元/(kW·h)(含税)的电价。2021 年 9 月，在"舟山潮流能并网示范工程建设"项目支持下，完成了新增机组海上平台施工建造(图 2.5)。

图 2.5　LHD 潮流能示范工程新建海上平台

截至 2021 年底，LHD 模块化海洋潮流能发电平台总装机容量达 1.7 MW，累计并网发电量超过 188.1×10^4 kW·h，其中，2021 年并网发电量 21.4×10^4 kW·h。

二、浙江大学半直驱水平轴式潮流能发电技术

浙江大学研制的系列化半直驱水平轴式潮流能发电机组，采用漂浮式安装方式，2014 年起，在舟山摘箬山岛海域开展示范运行，2016 年 6 月并入摘箬山岛微电网。截至 2021 年底，摘箬山岛海域已建成 4 个漂浮式平台(图 2.6)，相继完成 60~650 kW 的潮流能机组示范运行。

2021 年，浙江大学在箬山岛海域开展了超低流速海流发电和海能海用技术研究，建成国际首例海流能独立供能制氢系统，并开展海水

淡化与制氢制氧"三联供"集成设备的研发和示范。

图 2.6 浙江大学潮流能试验平台

第三节 波浪能技术进展

针对我国波浪能资源功率密度较低的特点，我国主要研发了小功率波浪能发电装置。截至 2021 年底，已有 40 多台波浪能发电装置完成海试，最大单机功率 500 kW，还探索了波浪能为养殖网箱、导航浮标供电等应用研究。

对 CNKI 数据库中 2017—2021 年波浪能文献的分析表明，我国波浪能研究热点主要集中在数值模拟、水轮机、导流罩、水槽试验、流固耦合、水翼、尾流、水动力学、叶片等方面(图 2.7)。

图 2.7　2017—2021 年我国波浪能研究热点

一、鹰式波浪能发电技术

中国科学院广州能源研究所研制的鹰式波浪能发电技术，采用漂浮式安装方式，2012 年起，在珠海大万山岛海域先后布放了 10 kW、100 kW、200 kW、500 kW 等鹰式波浪能装置，实现了我国首次利用波浪能为海岛居民供电。

2021 年 4 月，由招商局工业集团建造的"长山号"500 kW 装置交付中国科学院广州能源研究所，在广东大万山岛海域开展示范（图 2.8）。"长山号"波浪能发电装置针对试验海域特定波浪环境完成吸波浮体优化设计，采用模块化设计，包括双向 8 个吸波模块，起始发电有效波高0.6 m，切出波高 4.5 m，能量转换系统采用"0-1"蓄能型发电模式，在不同浪况下进行相应负载切换，实现不同工作下的阻尼匹配，装置整机设计寿命 25 年，设计图纸和建造获得法国船级社认证。

图 2.8 "长山号"波浪能装置拖往示范海域

2021年9月,由广东电网有限责任公司、国家海洋技术中心、中国科学院广州能源研究所、海南电网有限责任公司等共同承担的国家重点研发计划"兆瓦级高效高可靠波浪能发电装置关键技术研究及南海岛礁示范验证"项目完成1 MW波浪能发电装置详细设计评审。该装置采用三角形主体结构,利用鹰式波浪能发电技术和"0-1"蓄能型发电模式,起始发电有效波高0.5 m,切出波高5.0 m。目前设计图纸已送审中国船级社,预计2022年开工,2023年完成建设。

二、波浪能网箱养殖供电技术

在2017年"专项资金"支持下,友联船厂(蛇口)有限公司、中国科学院广州能源研究所、湛江力新海洋技术研究有限公司联合承担了"南海抗风浪波浪能深水养殖平台示范"项目,采用波浪能+太阳能清洁能源供能方式为网箱养殖设备提供电力支持,研建的"澎湖号"半潜式波浪能发电装置总装机容量120 kW,其中波浪能装机容量60 kW。

"澎湖号"自2019年6月至2021年底在广东珠海桂山岛海域示范运行(图2.9),抵抗了运行期间所有台风袭击,完成了多鱼种多季度养殖试验。整机设计寿命20年。波浪能捕获浮体响应有效波高0.4 m,切出有效波高4 m。

图2.9 "澎湖号"波浪能养殖平台示范运行

2021年12月,由福建省闽投深海养殖装备租赁有限责任公司、中国科学院广州能源研究所研发设计的半潜式波浪能深远海智能养殖旅游平台"闽投1号"开工仪式在福建省马尾造船股份有限公司举行。"闽投1号"长92 m、宽36 m、高27 m,养殖水体$6.2×10^4 m^3$,设计使用寿命20年。平台采用清洁能源供电,其中波浪能装机容量100 kW,太阳能装机容量220 kW,实现零碳能源供给,配置自动化投喂、机械化起捕、网衣清洗、鱼群与环境监测等设备,提供不小于100人的休闲、娱乐和餐饮空间以及36人的酒店式住宿条件。"闽投1号"入级中国船级社,建成后拟投放于福建省福州市连江县筱埕镇东南侧、苔屿南侧海域开展渔业养殖和休闲渔业活动。

三、海洋仪器用波浪能发电技术

在 2016 年"专项资金"支持下，中国科学院广州能源研究所开展了海洋仪器用波浪能原位技术研究与产业化推广。2021 年，研发的"海聆"与"海星"系列波浪能原位供电装置先后在珠海多个海洋牧场得到应用(图 2.10)，并获得斯里兰卡海域观测商业订单。

图 2.10 海聆-300 波浪能原位供电装置

四、多模块组合的波浪能发电技术

在 2018 年"专项资金"支持下，珠海天岳科技股份有限公司、中国科学院电工研究所、交通运输部天津水运工程科学研究所联合承担了

"高可靠海洋能供能装备应用示范"项目,开展了基于阵列浮体结构和多型发电机组合的波浪能海岛独立供电系统的设计和研建。研制的多模块组合式波浪能发电平台(图 2.11)于 2021 年完成建造,总装机容量 120 kW,该装置即将开展示范运行。

图 2.11　多模块组合式波浪能发电平台

第三章　我国海洋能公共服务体系建设

海洋能技术产业化发展离不开包括水动力实验室、关键部件检测台、装备检测中心等在内的各种陆上检测设施以及适用于小比例和全比例样机现场测试的海上试验场等公共服务平台的支持，海洋能标准体系更是海洋能技术商业化的重要支撑。

第一节　海洋能室内测试设施

自然资源部国家海洋技术中心海洋环境动力实验室可以在室内模拟海洋风、浪、流等动力环境，为海洋可再生能源开发利用样机提供公共、开放、共享的试验测试平台(图 3.1)。

图 3.1　国家海洋技术中心海洋环境动力实验室

实验室包括多功能水池、风浪流生成水槽两个主要试验设施，拥有国内一流的试验环境。多功能水池长 130 m，宽 18 m，深 6 m，最大工作水深 5 m，配有造波系统、造流系统与运动平台，可产生最大波高为 0.6 m 的波浪、最大风速为 10 m/s 的风，运动平台的最大运行速度为 4m/s，可模拟风与波浪等各种海洋环境，可进行各类海洋仪器设备原理样机或大比尺模型的试验与测试。风浪流生成水槽长 75 m，宽 1.6 m，高 2 m，最大工作水深 1.2 m，配有造波系统、造流系统与造风系统，可产生最大波高为 0.6 m 的波浪、最大风速为 10 m/s 的风、最大流速为 1.5 m/s 的循环水流，可产生风、波、流耦合试验环境，可进行各类海洋仪器设备中、小比尺模型的试验与测试。

实验室具备非接触式六自由度测量仪、3D 打印机、粒子图像测速仪系统、高精度波高传感器、热线风速传感器、流速仪、拉压力传感器和扭矩转速传感器等设备，配有国际领先的水动力仿真软件 FLUENT、CFX 和 AQWA 等，可对发电设备周边水动力环境进行数值仿真分析。

实验室自正式运行以来，已完成数十项海洋能发电装置模型试验测试，2021 年共完成四项试验测试，分别是中电科海洋信息技术研究院有限公司的潮流能样机模型、中国科学院广州能源研究所的喇叭型后弯管波浪能发电模型、中山大学的多能联合发电装置和江苏中智海洋工程装备有限公司的海洋监测设备能源补充系统样机测试。

第二节 海洋能海上试验场

截至 2021 年底，国家海洋综合试验场完成了北东南（山东省、浙江省、广东省和海南省)的总体空间布局,覆盖了我国沿海的典型海域,可以有效满足海洋能发电装备以及海洋仪器设备的海上试验需要。

一、国家海洋综合试验场(威海)

位于山东威海褚岛海域的国家海洋综合试验场(威海),可针对波浪能、潮流能发电装置小比例样机开展实海况试验、测试和评价。截至 2021 年底,已基本具备了潮流能比例样机以及海洋装备的现场测试服务能力。

2021 年 9 月 24 日,自然资源部与山东省人民政府在山东省威海市举行了共建国家海洋综合试验场(威海)协议签约暨揭牌仪式。自然资源部副部长、国家海洋局局长王宏和山东省副省长曾赞荣作为代表签署了《自然资源部山东省人民政府共建国家海洋综合试验场(威海)协议》,并共同为"国家海洋综合试验场(威海)"揭牌(图 3.2)。

图 3.2 签约暨揭牌仪式

为了保障国家海洋综合试验场(威海)的安全和顺利运行,2021年,对试验场背景场监测系统和试验平台("国海试1")等海上设施进行了维护和改造(图3.3)。2021年,国家海洋综合试验场(威海)共为6所大学及研究院所提供了14项海洋仪器设备、集成装备和声学技术验证等海上试验服务。

图3.3 "国海试1"试验平台(维护改造后)

2021年11月18日,国家海洋综合试验场(威海)管理机构正式入驻蓝贝海洋科技中心。

二、国家海洋综合试验场(舟山)

依托"舟山潮流能示范工程建设"项目,在位于浙江舟山葫芦岛与普陀山之间海域设计建设了3个潮流能测试泊位以及1座海上升压站平台,与示范工程项目共享环境监测与数据管理服务系统和岸基配套设施,可满足300 kW装机容量的潮流能发电装置海上测试试验。

截至2021年底,国家海洋综合试验场(舟山)建设持续推进。

三、国家海洋综合试验场(珠海)

依托"南海兆瓦级波浪能示范工程建设"项目,在广东珠海大万山岛海域设计建设了兆瓦级波浪能示范及测试场。

截至 2021 年底,"舟山号"和"长山号"500 kW 波浪能发电装置在该场区海域并网示范运行。国家海洋综合试验场(珠海)建设持续推进。

第三节 海洋能现场测试与评价

针对海洋能发电装置现场测试及认证的需求,国家海洋技术中心、北京鉴衡认证中心有限公司、中国船级社质量认证公司等开展了潮流能、波浪能等发电装置现场测试与评价工作。

在自然资源部、科技部等相关部门的大力支持下,国家海洋技术中心研建了海洋能发电装置现场测试与评价系统,具备了对海洋能发电装置功率特性指标和电能质量特性指标开展现场测试与评价的能力。在海洋能发电装置现场测试与评价经验基础上,目前已编制完成《潮流能发电装置功率特性现场测试方法》(国家标准报批稿)和《波浪能发电装备功率特性现场测试方法》(团体标准送审稿),初步构建了我国海洋能发电装置现场测试标准体系。

2021 年 5—6 月,国家海洋技术中心在广东省珠海市大万山岛海域,对"长山号"波浪能发电装置开展了为期 34 天的功率特性和电能质量特性现场测试与分析评价工作(图 3.4),获取了 500 余万组电力数据和 4 000 余组波浪数据,编制了功率特性和电能质量特性现场测试与分析评价报告。

图 3.4 用于"长山号"测试的测波浮标进行布放

截至 2021 年底，国家海洋技术中心共完成了 8 台潮流能发电装置和 4 台波浪能发电装置现场测试与评价工作(表 3.1)。

表 3.1 海洋能发电装置现场测试与评价汇总

类别	装置型号	测试时间	研发单位	测试海域	安装形式
潮流能	LHD300V-C1	2016 年	浙江舟山联合动能新能源开发有限公司	浙江舟山秀山	桩柱式
	LHD200V-D1				
	LHD300V-C2	2017 年	浙江舟山联合动能新能源开发有限公司		
	LHD200V-D2				
	LHD200V-G1	2019 年	杭州林东新能源科技股份有限公司等		
	LHD200V-G2				
	LHD300H-F				
	锚定式双导管涡轮潮流发电系统	2018 年	哈尔滨工业大学(威海)	山东威海	漂浮式
波浪能	"万山号"P1 机组	2017 年	中国科学院广州能源研究所	广东珠海万山	漂浮式
	"万山号"P2 机组				
	"澎湖号"	2019 年	中国科学院广州能源研究所等	广东珠海桂山	
	"长山号"	2021 年	中国科学院广州能源研究所等	广东珠海万山	漂浮式

第四节　海洋能标准体系建设

一、我国海洋能标准体系现状

经过多年的发展，我国海洋能标准体系已初步建立，海洋能标准管理机构相对完善，海洋能标准范围逐步扩大，对海洋能技术的产业化发展起到了较好的促进作用。

2015年，编制完成HY/T 181—2015《海洋能开发利用标准体系》，初步建立了我国海洋能标准体系。2011年，全国海洋标准化技术委员会海域使用及海洋能开发利用分技术委员会（SAC/TC283/SC1）成立，秘书处挂靠单位是国家海洋技术中心，负责海洋能开发利用相关标准的归口管理工作。2014年，全国海洋能转换设备标准化技术委员会（SAC/TC546）成立，秘书处挂靠单位是哈尔滨大电机研究所，负责海洋能转换设备（包括波浪能、潮流能和其他水流能转换电能，不包括有坝潮汐发电）领域国家/行业标准制修订工作，同时也承担着"国际电工委员会/海洋能——波浪能、潮流能和其他水流能转换设备技术委员会"（IEC/TC114）国际标准的制定和引进工作。

截至2021年底，SAC/TC283/SC1和SAC/TC546共发布海洋能标准27项（包含引进国际标准1项），主要包括基础通用术语、资源调查评估、海洋能发电装置研制等领域（表3.2）。

表 3.2　我国已发布的海洋能国家标准及行业标准

序号	标准号	标准名称	实施日期
一、国家标准			
1	GB/T 33441—2016	海洋能调查质量控制要求	2017 年 7 月
2	GB/T 33442—2016	海洋能源调查仪器设备通用技术条件	2017 年 7 月
3	GB/T 33543.1—2017	海洋能术语 第 1 部分：通用	2017 年 10 月
4	GB/T 33543.2—2017	海洋能术语 第 2 部分：调查和评价	2017 年 10 月
5	GB/T 33543.3—2017	海洋能术语 第 3 部分：电站	2017 年 10 月
6	GB/T 34910.1—2017	海洋可再生能资源调查与评估指南 第 1 部分：总则	2018 年 2 月
7	GB/T 34910.2—2017	海洋可再生能资源调查与评估指南 第 2 部分：潮汐能	2018 年 2 月
8	GB/T 34910.4—2017	海洋可再生能资源调查与评估指南 第 4 部分：海流能	2018 年 2 月
9	GB/T 34910.3—2017	海洋可再生能资源调查与评估指南 第 3 部分：波浪能	2018 年 4 月
10	GB/T 35724—2017	海洋能电站技术经济评价导则	2018 年 7 月
11	GB/T 35050—2018	海洋能开发与利用综合评价规程	2018 年 12 月
12	GB/T 36999—2018	海洋波浪能电站环境条件要求	2019 年 7 月
13	GB/T 37551—2019	海洋能——波浪能、潮流能和其他水流能转换装置术语	2020 年 1 月
14	GB/T 39571—2020	波浪能资源评估及特征描述	2021 年 7 月
15	GB/T 39569—2020	潮流能资源评估及特征描述	2021 年 7 月
16	GB/Z 40295—2021	波浪能转换装置发电性能评估	2021 年 12 月
二、海洋行业标准			
17	HY/T 045—1999	海洋能源术语	1999 年 7 月
18	HY/T 155—2013	海流和潮流能量分布图绘制方法	2013 年 5 月
19	HY/T 156—2013	海浪能量分布图绘制方法	2013 年 5 月
20	HY/T 181—2015	海洋能开发利用标准体系	2015 年 10 月
21	HY/T 182—2015	海洋能计算和统计编报方法	2015 年 10 月
22	HY/T 183—2015	海洋温差能调查技术规程	2015 年 10 月
23	HY/T 184—2015	海洋盐差能调查技术规程	2015 年 10 月
24	HY/T 185—2015	海洋温差能量分布图绘制方法	2015 年 10 月
25	HY/T 186—2015	海洋盐差能量分布图绘制方法	2015 年 10 月
26	HY/T 0317—2021	潮流能发电装置研制技术要求	2021 年 11 月
27	NB/T 10442—2020	波浪能和潮流能转换装置研发基本程序	2021 年 2 月

二、国际海洋能标准体系现状

国际海洋能标准是指国际标准化组织（ISO）、国际电工委员会（IEC）等制定的海洋能相关标准以及国际标准化组织确认并公布的其他国际组织制定的标准。

国际电工委员会（IEC）是制定和发布国际电工电子标准的非政府性国际机构，2007 年国际电工委员会/海洋能——波浪能、潮流能和其他水流能转换设备技术委员会（IEC/TC114）成立，IEC/TC114 现有成员国 29 个，包括 18 个参与成员国和 11 个观察员国，中国是 18 个参与成员国之一。

2021 年，IEC/TC114 更新了 1 项标准——IEC TS 62600-10：2021。截至 2021 年底，IEC/TC114 共发布了海洋能相关技术标准 16 项（表 3.3）。

表 3.3　IEC/TC114 已发布的标准

序号	标准编号	标准名称	出版日期
1	IEC/TS 62600-1: 2020	Marine energy – Wave, tidal and other water current converters – Part 1: Vocabulary 海洋能——波浪能、潮流能和其他水流能转换设备 第 1 部分：术语	2020 年 6 月
2	IEC/TS 62600-2: 2019	Marine energy – Wave, tidal and other water current converters–Part 2: Design requirements for marine energy systems 海洋能——波浪能、潮流能和其他水流能转换设备 第 2 部分：海洋能系统设计要求	2019 年 10 月

序号	标准编号	标准名称	出版日期
3	IEC/TS 62600-3: 2020	Marine energy – Wave, tidal and other water current converters – Part 3: Measurement of mechanical loads 海洋能——波浪能、潮流能和其他水流能转换设备第3部分：机械载荷测量	2020 年 5 月
4	IEC/TS 62600-4: 2020	Marine energy – Wave, tidal and other water current converters – Part 4: Specification for establishing qualification of new technology 海洋能——波浪能、潮流能和其他水流能转换设备第4部分：新技术鉴定规范	2020 年 9 月
5	IEC TS 62600-10: 2021	Marine energy – Wave, tidal and other water current converters–Part 10: Assessment of mooring system for marine energy converters (MECs) 海洋能——波浪能、潮流能和其他水流能转换设备第10部分：海洋能转换装置锚泊系统评估	2021 年 7 月
6	IEC TS 62600-20: 2019	Marine energy – Wave, tidal and other water current converters–Part 20: Design and analysis of an Ocean Thermal Energy Conversion (OTEC) plant–General guidance 海洋能——波浪能、潮流能和其他水流能转换设备第20部分：海洋温差能电站设计和分析通用指南	2019 年 6 月
7	IEC TS 62600-30: 2018	Marine energy – Wave, tidal and other water current converters–Part 30: Electrical power quality requirements 海洋能——波浪能、潮流能和其他水流能转换设备第30部分：电能质量要求	2018 年 8 月
8	IEC TS 62600-40: 2019	Marine energy – Wave, tidal and other water current converters – Part 40: Acoustic characterization of marine energy converters 海洋能——波浪能、潮流能和其他水流能转换设备第40部分：海洋能转换设备声学特性	2019 年 6 月
9	IEC/TS 62600-100: 2012	Marine energy – Wave, tidal and other water current converters–Part 100: Electricity producing wave energy converters–Power performance assessment 海洋能——波浪能、潮流能和其他水流能转换设备第100部分：波浪能转换设备　发电性能评估	2012 年 8 月

序号	标准编号	标准名称	出版日期
10	IEC/TS 62600-101: 2015	Marine energy – Wave, tidal and other water current converters – Part 101: Wave energy resource assessment and characterization 海洋能——波浪能、潮流能和其他水流能转换设备 第101部分：波浪能资源评估及特性	2015年6月
11	IEC/TS 62600-102: 2016	Marine energy – Wave, tidal and other watercurrent converters – Part 102: Wave energy converter power performance assessment at a second location using measured assessment data 海洋能——波浪能、潮流能和其他水流能转换设备 第102部分：利用实测评估数据对波浪能转换设备布放在其他位置的发电性能进行评估	2016年8月
12	IEC/TS 62600-103: 2018	Marine energy – Wave, tidal and other water current converters – Part 103: Guidelines for the early stage development of wave energy converters – Best practices and recommended procedures for the testing of pre-prototype devices 海洋能——波浪能、潮流能和其他水流能转换设备 第103部分：波浪能转换设备初期研发准则 实验室样机测试最佳实践及推荐程序	2018年7月
13	IEC/TS 62600-200: 2013	Marine energy – Wave, tidal and other water current converters – Part 200: Electricity producing tidal energy converters – Power performance assessment 海洋能——波浪能、潮流能和其他水流能转换设备 第200部分：潮流能转换设备 发电性能评估	2013年5月
14	IEC/TS 62600-201: 2015	Marine energy – Wave, tidal and other water current converters – Part 201: Tidal energy resource assessment and characterization 海洋能——波浪能、潮流能和其他水流能转换设备 第201部分：潮流能资源评估及特性	2015年4月
15	IEC/TS 62600-300: 2019	Marine energy – Wave, tidal and other water current converters – Part 300: Electricity producing river energy converters – Power performance assessment 海洋能——波浪能、潮流能和其他水流能转换设备 第300部分：河流能转换设备 电力性能评估	2019年9月

序号	标准编号	标准名称	出版日期
16	IEC/TS 62600-301:2019	Marine energy - Wave, tidal and other water current converters - Part 301: River energy resource assessment 海洋能——波浪能、潮流能和其他水流能转换设备第301部分：河流能资源评估	2019年9月

国际标准化组织(ISO)是标准化领域中的一个国际性非政府组织，有关海洋标准的 ISO 机构为国际标准化组织船舶与海洋技术委员会海洋技术分委会(ISO/TC8/SC13)，该分委会的国内挂靠单位为自然资源部第二海洋研究所。截至 2021 年底，ISO/TC8/SC13 尚未发布海洋能相关标准。

第四章　国际海洋能动态

积极应对气候变化，发展低碳经济已成为国际社会的普遍共识。为开发利用储量巨大的海洋能资源，以英美等国为代表的主要海洋国家将海洋能视为战略性资源，持续加强投入，不断创新政策支持，推动海洋能技术的产业化。在国际社会的共同推动下，国际海洋能产业化进程逐步加快。

第一节　国际海洋能政策动态

2021年，国际能源署海洋能系统（IEA OES）、国际可再生能源署（IRENA）等国际海洋能组织以及欧盟、美国、英国等区域和国家发布了多个海洋能政策。

一、国际海洋能组织海洋能政策动态

IEA OES、IRENA等国际海洋能组织发布了多个涉及海洋能的计划及重要报告。

（一）IEA OES海洋能相关政策动态

2021年1月，OES发布了《国际海洋能源技术评估导则汇编》，针

对潮流能及波浪能技术评估，从能量获取、能量转换、可控性、可靠性、生存性、维护、安装、制造以及发电成本九个方面，给出了具体的评估参考标准，为今后制定国际海洋能技术评估标准及导则提供指导。

2021 年 4 月，OES 发布《2021 年潮流能开发亮点》报告（以下简称《潮流能报告》）（图 4.1），总结了 OES 成员截至 2020 年底潮流能开发利用总体进展情况及技术亮点。

图 4.1　OES《2021 年潮流能开发亮点》报告

《潮流能报告》指出，国际潮流能技术类型趋于一致，水平轴式机组应用最为广泛，其次是垂直轴机组和潮流风筝式机组。随着全比例机组以及首批阵列在实海况中的应用，潮流能技术正逐步走向商业化。累计运行时间、装机容量以及发电量等指标的持续增加证明近年来潮流能技术取得较大进展。仍有必要对实海况下的潮流能机组开展进一步的长期技术论证，从而在性能、可靠性、适用性、可维护性、生存能力及环境影响等方面提供宝贵经验。

2021年4月，OES发布《2021年波浪能开发亮点》报告(以下简称《波浪能报告》)(图4.2)，总结了OES成员截至2020年底波浪能开发利用总体进展情况及技术亮点。

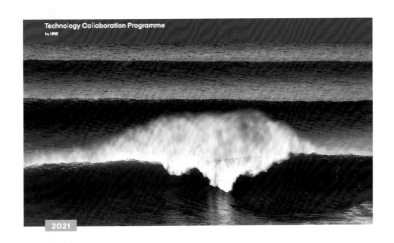

图4.2　OES《2021年波浪能开发亮点》报告

《波浪能报告》指出，全球(大洋洲、亚洲、欧洲及北美洲)多家波浪能研发机构不断取得重大进展，多个全比例波浪能发电装置正在制造，部分已准备布放；一些成本较低且发电效率更高的新型样机不断涌现；由于安装方式和布放水深不同，波浪能利用原理十分多样化；波浪能正处于示范阶段向多机组预商业化转变的关键阶段，仍需要广泛测试以验证性能及可靠性；为加速提高波浪能技术成熟度，须为波浪能提供强有力的研究及创新计划支持，并建立支持性政策框架作为产业化进程的基础。从市场角度看，波浪能发电装置将以大型阵列方式安装，以提供公共事业规模的电力并网；波浪能技术可满足岛屿及沿海地区的能源及淡水资源需求；波浪能产业将向离岸更远处发展，例如与水产养殖、深海采矿等相结合；波浪能可以与风能、太阳能和储能技术等形成"多能互补发电系统"。

2021 年 10 月，OES 发布《2021 海洋温差能白皮书》（以下简称《温差能白皮书》）（图 4.3）。《温差能白皮书》指出，海洋温差能储量巨大并且具有相对稳定、能量密度较高、清洁无污染、可综合利用等特性。全球温差能资源可利用规模高达 $8×10^9$ kW，有潜力为能源转型及全球碳减排做出重大贡献。

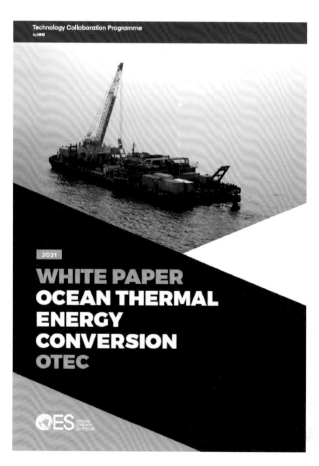

图 4.3　OES《2021 海洋温差能白皮书》

《温差能白皮书》指出，海洋温差能除了用于发电外，还可用于海水淡化、制氢、空调制冷、深水养殖等方面，在热带海域和偏远岛屿国家具有广泛的应用前景。同时，海洋温差发电装置(OTEC)对于环境及生态影响极小，可忽略不计。鉴于油气平台的经验，可以建造经久耐用的漂浮式温差能装置。漂浮式温差能平台可拖至岸边进行维修，从而延长使用寿命并降低海上作业风险以及运营成本。兆瓦级海洋温差能综合利用系统(集发电、海水淡化、水产养殖、空调制冷等为一体)对于小岛屿发展中国家来说极具应用前景。而建造百兆瓦级海洋温差能发电场主要依赖于大直径冷水管技术的发展。同时，温差能平台还可以在海上合成氢、氨或甲醇，再通过专用船舶进行运输。

（二）IRENA海洋能相关政策动态

2021年7月，IRENA发布了《海上可再生能源开发利用行动议程》报告(以下简称《IRENA报告》)(图4.4)。《IRENA报告》认为，海上可再生能源的发展将加速G20国家构建可持续的弹性能源系统。

据IRENA预测，到2050年，全球海上风能装机容量将超过2×10^9 kW，海洋能装机容量有望达到3.5×10^8 kW。为此，《IRENA报告》建议G20成员国在制定国家海上可再生能源战略时重点采取以下行动。

● 加强海洋治理与国际合作。遵守《联合国海洋法公约》，通过多边合作部署跨国海上可再生能源项目；将海洋空间规划纳入海洋可再生能源发展计划中；与IRENA合作，收集和传播海上可再生能源相关数据；制订海上电网基础设施规划。

● 提高海上可再生能源的社会接受度。通过公众咨询，确保海上可再生能源开发与地方社区和谐共存；采取共赢措施，提高地方社区的接受度；提供详细的技术可开发相关数据，提高公众认知。

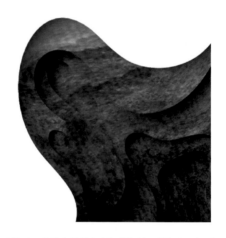

图 4.4　IRENA《海上可再生能源开发利用行动议程》报告

● 将海上可再生能源技术纳入政策框架。提出中长期（2030 年、2050 年）海上可再生能源部署目标和成本降低目标；通过上网电价、购电协议、配额、财政措施等为海上可再生能源技术研发提供资金支持；通过财政资金、股权、贷款等方式为漂浮式光伏、海洋能等不成熟技术提供资金支持。

● 建立有效监管框架。设计专门针对海上可再生能源的监管框架；确保新构建的空间和资源监管框架能够促进海上可再生能源的长期可持续发展。

● 开展资源选址综合评估。收集完善近海资源测绘数据；根据资源和电网连接潜力，部署足够多的电站。

- 提高技术成熟度，并推动其商业化。加大对海上可再生能源技术研究、开发和示范的扶持力度；投资位于发展中国家的海上可再生能源示范项目，加速技术成熟；出台新的国际海上可再生能源技术评估标准、数据收集和共享标准；引导私人投资及参与海上可再生能源技术的运营和维护；投资多能互补可再生能源浮式平台技术；引进海上石油和天然气行业的知识技能和装置；支持新兴的海洋能源初创企业。

- 降低风险，拓展融资渠道。通过公私伙伴关系，分担先行者的风险；通过创新的融资机制，提高供应链与价值链的可融资性和稳健性。

二、欧盟海洋能政策动态

为实现 2050 年碳中和的目标，欧盟以法律形式确定了欧盟绿色新政的核心目标。2021 年 4 月，《欧洲气候法》草案达成临时协议并提交欧洲议会，以保障《海上可再生能源战略》（2020 年 12 月）提出的 2030 年海上风电装机容量 $6×10^7$ kW、海洋能装机容量 $1×10^6$ kW，2050 年海上风电装机容量 $3×10^3$ kW、海洋能装机容量 $4×10^7$ kW 的宏伟目标。

2021 年 6 月，欧盟进一步修改了《可再生能源指令》，提出将 2030 年能源供给中可再生能源所占份额提高 0.5%～2%，并将继续提供可再生能源技术研发资金及市场补贴，以增强行业信心并拉动社会投资，加快推进漂浮式风电、海洋能等创新能源技术在十年内走向市场。

2021 年 9 月，欧盟宣布制定新的国家能源援助规则，取消可再生能源开发利用项目中公共资金的"门槛"百分比，除欧盟层面的资金外，各国还可以提供更多的公共资金来弥补项目的"资金缺口"。此举简化了可再生能源项目审批流程，更便于各国向海洋能等可再生能源示范项目提供额外资金，以此提升海洋能技术的市场竞争力。

（一）OEE 发布《2020 年度海洋能发展趋势与统计》报告

2021 年 2 月，欧洲海洋能联盟（OEE）委托可再生能源风险咨询公司设计一个全新的欧洲担保基金。海洋能担保基金的设立，将大幅度降低海洋能开发商在项目早期的成本投入，同时也有助于开发商提高融资成功率。

2021 年 2 月，OEE 发布了《2020 年度海洋能发展趋势与统计》报告（以下简称《OEE 报告》）（图 4.5）。《OEE 报告》指出，2020 年在新冠病毒疫情对全球经济的冲击下，欧洲海洋能产业仍然保持向上的发展态势。

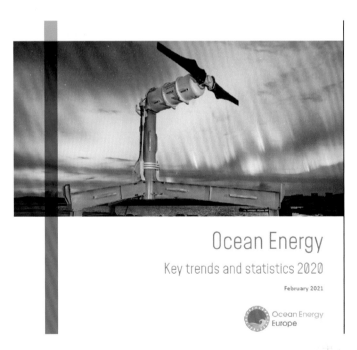

图 4.5　OEE《2020 年度海洋能发展趋势与统计》报告

根据《OEE 报告》统计，2020 年欧洲海洋能项目总投资超过 4 500 万欧元，主要包括：英国亚特兰蒂斯资源公司获得英国 1 300 万英镑投资，英国 Sustainable Marine Energy 公司获得加拿大 2 850 万加元投资，英国 Nova Innovation 公司获得加拿大 400 万加元投资，瑞典 Cor-Power 公司获得欧盟 900 万欧元投资(图 4.6)。

图 4.6　CorPower 公司 C4 波浪能发电装置

截至 2020 年底，欧洲潮流能发电量累计达 6×10^7 kW·h，主要是英国 MegGen 潮流能电站、英国设得兰群岛潮流能电站和荷兰 Ooster-schelde 潮流能电站。2020 年，欧洲潮流能发电量接近 1.2×10^7 kW·h。

《OEE 报告》对欧洲海洋能开发商 2021 年布放计划做了初步统计，预计 2021 年欧洲海洋能布放将达 6 MW，其中潮流能 2.9 MW，波浪能 3.1 MW。

(二)欧盟蓝色经济年度报告

2021 年 7 月，欧盟发布了《2021 年度蓝色经济报告》(以下简称《蓝色经济报告》)(图 4.7)。《蓝色经济报告》指出，2018 年以来，海洋能、海洋生物技术和水下机器人等新兴领域发展迅速，并将在欧盟实现碳中和、循环和生物多样性经济的进程中发挥重要作用。

根据《蓝色经济报告》统计，海洋能作为蓝色经济中重要新兴产业，发展趋势依旧向好。截至 2020 年底，全球海洋能总装机容量 528.4 MW，其中潮汐能装机容量 494 MW；全球波浪能装机容量为 12 MW，欧洲占 66%；全球潮流能装机容量为 22.4 MW，欧洲占 76%。

图 4.7　欧盟《2021 年度蓝色经济报告》

根据《蓝色经济报告》统计，全球 41% 的潮流能开发商位于欧洲，主要在荷兰和法国，其他非欧盟国家主要集中在加拿大、美国、英国和挪威。波浪能开发商则有 52% 位于欧洲，其他主要参与国是英国、美国、澳大利亚和挪威。尽管英国已退出欧盟，但是目前全球海洋能装机70%仍旧位于欧盟。发展强大的内部市场对于欧盟建立和保持其目前在市场上的领导地位至关重要。

在海洋能技术研发领域，涉及26个欧盟成员国的838家企业。这些企业在研发方面发挥了积极作用，其中一部分已经申请专利。在欧盟获得专利中，51%是波浪能技术，43%是潮流能技术，3%是海洋温差能技术。欧盟在国际专利申请领域处于领先地位，在美国、韩国、中国以及加拿大和澳大利亚（包括在世界其他地区）等所有关键市场寻求专利保护。这些专利数据表明，欧洲是海洋能技术创新输出方，并且在全球范围内海洋能市场占据有利位置。

三、英国海洋能政策动态

2021年5月，英国可再生能源协会发布了关于《英国在COP26前设立能源发展目标》的报告，敦促英国政府在2021年11月COP26气候变化峰会上提出包括海上风电和海洋能在内的可再生能源发展目标。

在海洋能方面，报告呼吁政府设立到2030年实现装机容量$1×10^6$ kW的发展目标。这将使海洋能源与其他主流低碳发电形式同样具备市场竞争力。据估计，英国的潮流能产业到2030年可提供4 000个就业岗位。到2050年，英国的潮流能出口可能会超过5.4亿英镑。为实现这一目标，英国政府将继续通过差价合约固定电价（CfD）制度支持海洋能技术发展。

（一）启动第四轮差价合约固定电价招标

2021年12月13日，英国政府启动了差价合约固定电价（CfD）第四轮竞标，年度预算补贴额度达 2.85 亿英镑，有望支持高达 1 200×10⁴ kW 可再生能源项目，超过过去三轮竞标的额度总和。其中潮流能有望获得高达 2 000 万英镑的年度补贴，中标方可获得 15 年 CfD 补贴。

差价合约固定电价制（CfD）是英国自 2015 年开始实施的可再生能源政策。在 CfD 政策下，中标的可再生能源企业通过电力市场按照市价出售电力，然后从政府获得结算价与电力售价之间的价差，但是当电力市场价格高于结算价时，发电企业需要向电力消费者返还电力售价与结算价之间的价差，从而避免发电企业获得过高的收益。CfD 政策为可再生能源发电商和投资商提供了稳定、清晰、预测性强的长期补贴，同时保留了市场性交易机制。与传统的强制上网电价相比，降低了政府补贴总额，节省了政府开支。

按照 CfD 政策的规定，在 2030 年前，政府每两年举行一轮 CfD 竞标，每一轮竞标办法都会根据当时的可再生能源技术发展情况和上一轮竞标的经验总结进行一定的调整和修正。2015 年、2017 年、2019 年，英国分别进行了三轮 CfD 竞标，前三轮都没有海洋能项目中标。

在广泛征求意见后，英国商业、能源和产业战略部（BEIS）对第四轮 CfD 竞标办法做出了重大调整。本轮竞标将首次设立三个技术组别，分别是"成熟类技术组别"（陆上风电和光伏）、"欠成熟类技术组别"（浮式风电、潮流能、波浪能、地热能）、"海上风电技术组别"。英国为实现 2030 年海上风电装机容量 4 000×10⁴ kW 的目标，本轮竞标首次将海上风电从欠成熟类技术组别中独立出来，在 2 亿欧元年度预算补贴额度下将支持装机规模超过 300×10⁴ kW。本轮竞标为"欠成熟类技术组别"提供了 5 500 万欧元的年度预算补贴额度，其中 2 400 万欧元用于支持漂浮式风电，3 100 万欧元支持波浪能、潮流能和地热能项目，按照给出的竞标指导结算价计算，有望支持 50MW 海洋能项目。

（二）加快推进新的海洋能试验场建设

2021 年 1 月，威尔士国家海洋能试验场（META）从威尔士自然资源部获得了二期项目许可，将在彭布罗克郡米尔福德港海域建设 3 个场区（图 4.8），分别为 Warrior Way 潮流能试验场、Dale Roads 波浪能试验场以及 East Pickard Bay 波浪能和漂浮式风电综合试验场，共建设 8 个测试泊位。

图 4.8　META 试验场

META 试验场将具备波浪能、潮流能以及海上风能测试能力，与威尔士大学和海洋能源工程卓越中心密切合作，并由 EMEC 和 Wave Hub 提供技术指导，支持海洋能研究、创新及环境监测活动，将在彭布罗克郡建立世界一流的海洋能开发中心。

2021 年 8 月 26 日，META 试验场与英国皇家财产局签署了海域使用权租赁协议，正式启动二期项目建设工作。

2019 年 9 月，META 一期项目已启动相关论证工作。

四、美国海洋能政策动态

为推进海洋能技术产业化进程，使海洋能从潜在能源发展成重要现实能源，美国 2021 年在资源评估、制订战略规划、推进试验场建设等方面取得明显进展。

（一）发布更新的海洋能资源数据

2021 年 2 月，美国国家可再生能源实验室发布了新版的《美国海洋能发展机遇》报告（以下简称《资源报告》）。《资源报告》显示，美国沿海各州（不包括夏威夷等偏远海域）海洋能资源的技术可开发量高达 2.3×10^{12} kW · h/a（图 4.9），相当于 2019 年全美用电量的 57%。如果再计入太平洋和加勒比海区域的温差能资源，美国海洋能资源总量更是高达 6.4×10^{12} kW · h/a（占 2019 年全美用电量的 158%）。

图 4.9　美国海洋能资源

按照《资源报告》统计，沿海各州(不包括夏威夷等偏远海域)海洋能资源中，波浪能占比超过60%。全美(包括夏威夷等偏远海域)海洋能资源中，温差能占比超过70%。

（二）发布海洋能中长期发展目标

2021年4月，美国国家水电协会发布了《海洋能产业化战略》(以下简称《产业化战略》)(图4.10)。

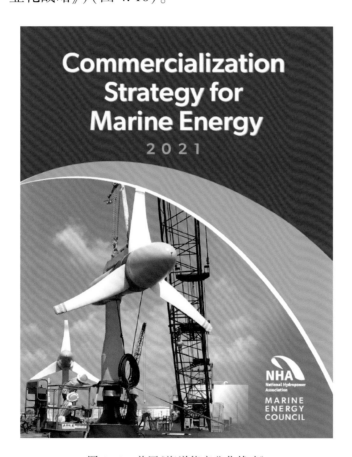

图4.10　美国《海洋能产业化战略》

《产业化战略》提出了美国海洋能中长期发展目标：海洋能装机容量2025年达到$5×10^4$ kW，2030年达到$5×10^5$ kW，2035年达到$1×10^6$ kW。

为实现这一目标，美国国家水电协会呼吁联邦政府持续增加海洋能研发及测试的资金投入，制定激励政策加速发展海洋能产业。

（三）国会正式通过《基础设施投资和就业法案》

2021年11月，美国国会众议院正式通过了《基础设施投资和就业法案》（以下简称《法案》），提出美国政府计划在未来8年内投入用于促进美国基础设施建设和公民就业的12 000亿美元的总支出。在能源方面的投资总额约为620亿美元。

根据《法案》，美国能源部水能技术办公室（WPTO）将获得1.104亿美元（WPTO年度预算之外）支持海洋能研究以及支持港口和偏远沿海地区的基础设施升级。

（四）新建波浪能试验场

2016年12月，美国能源部水能技术办公室（WPTO）启动了太平洋海洋能源中心南部试验场（PMEC-SETS）项目，由俄勒冈州立大学独立运营，原计划2021—2022年投入使用。该试验场距离俄勒冈州纽波特市约6 n mile，面积约为4.26 km²，包括4个测试泊位，最多可容纳20个波浪能装置进行测试，装机容量可达20 MW。2018年9月，美国能源部将PMEC-SETS更名为PacWave波浪能试验场（图4.11），计划投入8 000万美元。

2021年2月，美国海上能源管理局（BOEM）向PacWave波浪能试验场授予了首个用海租赁。俄勒冈州立大学随后向联邦能源管理委员会（FERC）申请了项目建设及运营许可。

2021年6月，PacWave波浪能试验场启动了基础设施建设工作。6月中旬开始了海底和岸基钻探活动，为期10个月左右，为海底电缆管道安装做准备。同时，岸基中心及监测设施也开始了相关准备工作，计划于 2022 年开始建设。海底电缆安装预计在 2022—2023 年进行。

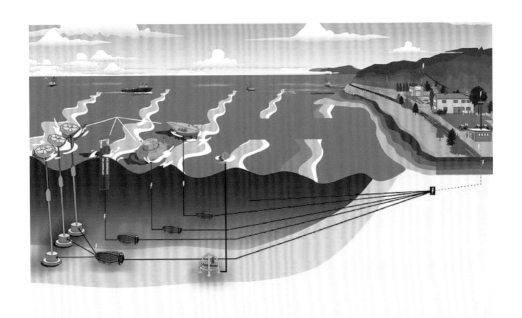

图 4.11　PacWave 波浪能试验场

2021 年 7 月，美国能源部宣布为"PacWave 试验场开展波浪能技术研发"项目追加拨款 2 700 万美元，开展试验场区波浪能发电装置远程及微电网应用测试等工作。

2021 年 10 月 18 日，PacWave 波浪能试验场完成了海上水平定向钻井工作，将使海上试验场与陆上设施连接起来。

第二节　国际海洋能产业进展

全球海洋能资源十分丰富。根据联合国政府间气候变化专门委员会 2011 年发布的《可再生能源资源特别报告》，海洋能资源完全可满足全球电力需求。IRENA《海上可再生能源助力蓝色经济发展》也指出，全球海洋能可满足 2021 年全球电力需求两倍以上。

一、国际潮流能产业 2021 年进展

(一)英国亚特兰蒂斯资源公司

英国亚特兰蒂斯资源公司于 2015 年启动了总装机容量 398 MW 的 MeyGen 潮流能发电场一期工程建设，2016 年底第一台机组并网，2018 年由 4 台机组组成的 6 MW 一期工程交付使用，进入了 25 年的运营期。自并网发电以来，在英国 RO 政策支持下，对一期工程所发电力给予 5 个 ROCs/(MW·h)的支持，电力供应商大约按照 0.3 英镑/(kW·h)的价格收购。截至 2021 年底，MeyGen 一期工程累计发电量超过 $45×10^6$ kW·h，电费收入超过 1 350 万英镑。

2021 年 1 月，亚特兰蒂斯资源公司为日本设计建造的 500 kW AR500 机组成功安装到日本 Goto 列岛的 Naru 岛海域(图 4.12)，运行前十天累计发电 $1×10^4$ kW·h。2021 年 6 月，AR500 机组通过了日本经济产业省(METI)的交付前检查测试，达到电站标准，正式交付日本 Kyuden Mirai Energy 公司示范运营。2021 年 12 月，AR500 机组完成示范，累计发电 $2.47×10^5$ kW·h，机组可利用率为 97%，计划在后续的二期项目中重新启用。

2021 年 8 月，亚特兰蒂斯资源公司先后对 MeyGen 潮流能发电场一期工程的 3 台潮流能机组进行了回收维护。

2021 年 9 月，亚特兰蒂斯资源公司通过增发新股，筹集到 260 万英镑资金，专注于潮流能开发利用。

2021 年 12 月，亚特兰蒂斯资源公司完成了 2 MW 潮流能机组新型变桨系统装配工作，随后开展了全负载陆上测试。该变桨系统将用于

下一代 2 MW 的 AR2000 潮流能机组，预计将布放在 MeyGen 发电场二期工程。

图 4.12　AR500 机组布放

（二）英国 Nova Innovation 公司

英国 Nova Innovation 公司（以下简称"NI 公司"）于 2016 年 3 月在英国设得兰群岛布放首台 100 kW 机组，到 2017 年 2 月，共布放了 3 台机组，总装机容量 300 kW。2020 年，布放了第四台机组（图 4.13），总装机容量提高到 400 kW。

图 4.13　Eunice 机组准备布放

2021 年 8 月，NI 公司的潮流能机组批量制造和物流项目（VOLT）获苏格兰政府 200 万英镑资助，2021 年 9 月，NI 公司从苏格兰国家投资银行又获得 640 万英镑贷款，着力开发全球首个海洋能发电装置生产线，推动潮流能制造业的发展。

2021 年 10 月，NI 公司研制了新型动力输出系统，并在英国海上可再生能源孵化器（ORE Catapult）开展了陆上测试。

2021 年 11 月，NI 公司与亚特兰蒂斯资源公司签订合作协议，双方将在 MeyGen 潮流能发电场海域布放 NI 公司的机组。

2021 年 12 月，NI 公司获得欧洲创新理事会创业加速基金的 250 万欧元支持，用于设计、建造和示范该公司的新一代潮流能机组，通过更紧凑的机组设计和桨距控制系统降低潮流能发电成本。

2021 年 12 月，NI 公司与印度尼西亚大学技术研究所合作，在 Larantuk 海峡开展了潮流能技术和社会经济研究，准备进军亚洲潮流能市场。

（三）瑞典 Minesto 公司

瑞典 Minesto 公司于 2018 年在威尔士完成了首个潮流能"风筝"示范项目，开创性地应用了低流速潮流能发电技术。2019 年，欧盟向 Minesto 公司提供了 1 490 万欧元，支持其在威尔士开展潮流能开发。此后，Minesto 公司在法国、法罗群岛等地签署了多个潮流能开发利用协议。

2021 年 2 月，Minesto 公司与施耐德电气公司签署合作协议，双方将合作开展潮流能技术研发、系统集成以及项目融资。

2021 年 7 月，Minesto 公司 DG100 机组完成改造升级（图 4.14），

进一步提高了机组的最大发电功率和平均发电功率。优化完成后，挪威船级社(DNV)对该机组的运行和发电量进行了第三方验证。

图 4.14 DG100 机组准备布放

2021 年 9 月，Minesto 公司推出"龙级"潮流能定型产品。计划建造 5 个"龙级"机组，总装机容量 1.2 MW，将在法国、威尔士和法罗群岛的项目中交付安装。

2021 年 10 月，Minesto 公司潮流能电站的海底基础设施项目开始了安装及电缆敷设等工程招标。

2021 年 12 月，Minesto 公司通过数据分析和模拟计算，预测"龙级"机组每年可发电 3.5×10^{6} kW·h。Minesto 公司与 SEV 电力公司计划在法罗群岛 Hestfjord 海峡开发首个装机容量 10 MW 的商业级潮流能发电场。

（四）英国 Orbital 公司

2021 年 3 月，英国 Orbital 公司的 O2 机组运往 EMEC(图 4.15)。2021 年 7 月，O2 机组在 EMEC 经过数月测试后，开始正式并网发电。

Orbital 公司计划于 2023 年在 EMEC 安装第二台 O2 机组，正在向苏格兰海事局申请机组安装和测试。

图 4.15　O2 机组运往 EMEC

2021 年 4 月，Orbital 公司委托丹麦 Hempel 公司为 O2 机组提供防生物污损涂料——Hempaguard X7。瑞典 SKF 轴承制造公司向 Orbital 公司交付了全集成的"即插即用"驱动系统。

2021 年 5 月，Orbital 公司与 Perpetuus 潮流能中心（PTEC）签署协议，计划于 2025 年底前，在 PTEC 建成一个 15 MW 潮流能发电场，目前正在申请陆上变电站规划许可。

2021 年 9 月，Orbital 公司获得欧盟"H2020"计划的资助，牵头开发一个集浮式潮流能、浮式风电、储能和制氢于一体的综合利用系统。

2021 年 11 月，Orbital 公司获得欧盟"H2020"计划 2 670 万欧元的资助，支持开展 O2 机组商业化。

（五）英国 Sustainable Marine Energy 公司

2021 年初，英国 Sustainable Marine Energy 公司(以下简称 SME 公司)推出了 420 kW 的新型 PLAT-I 浮式潮流能平台(图 4.16)，在加拿大芬迪湾 Grand Passage 进行测试。

图 4.16　PLAT-I 潮流能平台海试

2021 年 7 月，SME 公司的新型潮流能机组在 EMEC 完成严格测试，证明该机组可在海上运行 20 年。

2021 年 8 月，SME 公司潮流能机组传动系统在德国亚琛工业大学的风力驱动中心(CWD)通过了"加速寿命测试"，成功地在 6 个月的时间内模拟了在加拿大芬迪湾 Minas Passage 运行 5 年的情况。

2021 年 10 月，SME 公司指定挪威 Seasystems 公司为其 PLAT-I 浮式潮流能平台提供新型系泊连接器和锚定解决方案。

2021 年 11 月，SME 公司在加拿大完成了 Grand Passage 变电站建设工作，PLAT-I 平台也安装完毕，计划在 2022 年初开始运营。

（六）美国 Verdant Power 公司

美国 Verdant Power 公司(以下简称 VP 公司)于 2020 年 10 月在纽

约东河布放了一个 3×35 kW 潮流能发电阵列。

2021 年 4 月，VP 公司宣布，该阵列在并网的前六个月里累计发电 $2×10^5 kW \cdot h$。

2021 年 5 月，EMEC 完成了对 VP 公司机组的电力性能独立测试评估(图 4.17)。在 39 天的测试期内，VP 公司机组测得最大输出功率为 187 kW。

图 4.17 VP 公司机组完成测试

二、国际波浪能产业 2021 年进展

(一) 西班牙 Mutriku 波浪能电站

西班牙 EVE 能源公司于 2011 年在毕尔巴鄂北部 Amintza 防波堤建成总装机容量 296 kW 的 Mutriku 振荡水柱式波浪能电站。该电站包含 16 台发电装置，最大年发电量 $4×10^5 kW \cdot h$。2016 年，Mutriku 电站成为国际上首个累计发电量达 $1×10^6 kW \cdot h$ 的波浪能电站。2020 年 1 月，Mutriku 电站累计发电量达到创纪录的 $2×10^6 kW \cdot h$。

2021 年 12 月，巴斯克能源局批准了 Mutriku 电站新型空气透平采购，将采购 2~8 台新型空气透平系统，并从性能、可控性、可靠性、可维护性等方面对振荡水柱式波浪能技术进行持续评估。

（二）美国海洋电力技术公司

美国 Ocean Power Technologies 公司（海洋电力技术公司，以下简称 OPT 公司）的波浪能发电浮标是点吸收式波浪能发电装置，主要用于海上装备供电。目前已研建了多个千瓦级发电装置。2011 年 PB150 型装置通过劳氏船级认证。2016 年，OPT 公司在新泽西海域布放了首台商用 PB3 型装置并于 2017 年完成示范。OPT 公司在美国俄勒冈州和澳大利亚维多利亚州签署了兆瓦级波浪能电站开发协议。

2021 年 4 月，智利国家电网在智利离岸 1.2 km 海域布放了一个 PB3 型装置。装置长 14 m，重 10 t，最大布放深度为 20 m，储能系统为 50 kW·h 电池。PB3 可为海上监测系统供电。

2021 年 6 月，OPT 公司被纳入富时罗素微型股指数，于 6 月 28 日开市后正式生效。同时，通过新泽西高技术税收转移计划获得 100 万美元支持运营。

2021 年 8 月，OPT 公司获得美国能源部小企业创新研究计划（SBIR）第一阶段 19.72 万美元的资助，用于设计一个小型弹性波浪能发电装置，为自主海洋监测系统供电。

（三）瑞典 Eco Wave Power 公司

瑞典 Eco Wave Power 公司（以下简称 EWP 公司）于 2012 年在克里米亚半岛一处防波堤上安装了首个 10 kW 波浪能岸基示范电站。2016 年，EWP 公司在英属直布罗陀建成 100 kW 示范电站。

2021 年 3 月，EWP 公司与法国电力公司 EDF 合作开发的以色列雅法港 100 kW 波浪能项目进入发电装置安装阶段。2021 年 6 月，波浪能转换单元 EWP-EDF One 运抵雅法港，将与 10 个安装在堤坝两侧的获能浮体连接，调试后正式发电。

2021 年 6 月，EWP 公司与巴西 Pecem 港签署了一份谅解备忘录，计划在 Pecem 港建设一个 9MW 波浪能发电场。

2021 年 6 月，EWP 公司获得英国 Innovate UK 创新机构 30 万英镑资助，在泰国开展波浪能发电微网系统研究。

2021 年 7 月，EWP 公司在美国纳斯达克上市，每股价格为 8 美元，总市值达到 7 200 万美元。

2021 年 8 月，EWP 公司与以色列国防部签订合作协议，在以色列海军基地进行波浪能资源监测，评估安装 EWP 波浪能发电装置的技术可行性，为海军基地提供清洁能源。

2021 年 9 月，EWP 公司在葡萄牙 Barra do Douro 防波堤开发 1MW 波浪能项目获得批准，后续将在此开发 20MW 波浪能发电场。

（四）澳大利亚 Wave Swell Energy 公司

2021 年 1 月，澳大利亚 Wave Swell Energy 公司（以下简称 WSE 公司）装机容量 200 kW 的波浪能发电装置 UniWave200 布放到金岛格拉西（Grassy）港离岸约 100 m 海域开展示范（图 4.18）。

2021 年 6 月，WSE 公司的 UniWave200 装置实现首次并网测试。

2021 年 10 月，WSE 公司的 UniWave200 装置实现 24 h 连续、自主发电。

2021 年 11 月，WSE 公司以私募普通股形式发起一轮 160 万欧元的融资，为后续波浪能示范筹措资金，巩固 UniWave200 项目经验。

图 4.18　UniWave200 开展海上示范

（五）瑞典 CorPower 公司

2021 年 3 月，瑞典 CorPower 公司牵头开展"西部之星"波浪能示范项目。主要目的是在海上风电场风力不足的情况下补充波浪能电力，一期示范项目将安装 5 MW 波浪能装置。

2021 年 4 月，CorPower 公司与 Bodycote 热处理公司签订协议，利用 Bodycote 公司热化学处理专利技术，提高 CorPower 公司新型 C4 波浪能发电装置的耐腐蚀性和耐磨性。

2021 年 5 月，CorPower 公司在斯德哥尔摩建成了世界上最大的波浪能测试平台。该平台重 45 t，长 40 m，宽 9 m，最大可为装机容量 7.2 MW 的波浪能发电装置提供测试。

2021 年 6 月，瑞典 SKF 轴承和密封制造公司为 CorPower 公司的 C4 波浪能发电装置提供全新的轴承解决方案。

2021 年 9 月，在欧洲 H2020 计划资助下，CorPower 公司获批在葡萄牙一个浮式风电场内，布放 1.2 MW 波浪能发电阵列。

2021 年 11 月，CorPower 公司向公众开放位于葡萄牙北部 Castelo 港的波浪能研发基地。该基地集波浪能研发、制造和服务于一体，总投资 1 600 万欧元，旨在支持该公司的 HiWave-5 示范项目以及商业级波浪能发电场的供应和服务能力的长期发展。

（六）澳大利亚 Carnegie 公司

澳大利亚 Carnegie 公司研制的 CETO 波浪能技术，采用大型水下浮子驱动，安装在水下 25~50 m，与安装在海床上的涡轮泵组相连接，除了发电，CETO 装置还能利用波浪能驱动海水淡化高压泵，海水受压流过渗透膜装置进行淡化。2009—2011 年，Carnegie 公司完成了 200 kW 的 CETO 3 波浪能发电装置示范。该装置直径 7 m，最大发电功率 203 kW，并可输送 7 700 kPa 的高压海水。2012—2015 年，Carnegie 公司完成了 3 台 240 kW 的 CETO 5 波浪能发电装置示范。2016 年，Carnegie 公司宣布将推出 CETO 6 型波浪能发电装置，装机功率 1 MW，计划在澳大利亚加登岛海域以及英国康沃尔海域分别建设 4MW 和 15MW 发电场。2017 年，由于 CETO 技术迟迟未能商业化，Carnegie 公司转向关注于微网可再生能源技术开发。2019 年，Carnegie 公司通过资本重组，宣布重启 CETO 6 技术开发，并计划将其用于加登岛微电网项目(岛上已建有光伏电站)，从而为澳大利亚海军基地 HMAS Stirling 提供电力。

2021 年 3 月，Carnegie 公司宣布通过可转换票据转股份的方式，筹集了 175 万澳元，继续推进 CETO 6 技术研发。

2021 年 3 月, Carnegie 公司与美国 CPT 公司、英国 MPS 公司合作开展了 CETO 动力输出系统(PTO)和系泊系统技术优化。

2021 年 10 月, Carnegie 公司与澳大利亚蓝色经济合作研究中心合作, 在原有 CETO 波浪能装置核心技术的基础上, 启动 MoorPower 波浪能示范项目, 为深远海海水养殖饲料投放船提供波浪能电力。

2021 年 12 月, Carnegie 公司爱尔兰子公司获得欧洲波浪能预商业采购计划的一份价值 29.1 万欧元合同, 与其他 6 家波浪能公司的技术将共同开展第一阶段的水槽测试。经比选后, 届时将有 5 个技术获得资助建造比例样机进入第二阶段竞赛, 第三阶段(2025 年前)将遴选出 3 个技术开展实海况装置测试。

（七）芬兰 Wello 公司

2021 年 7 月, 芬兰 Wello 公司在西班牙巴斯克地区 BiMEP 海洋能测试中心布放了 600 kW"企鹅"号波浪能发电装置, 计划持续运行两年。

2021 年 11 月, Wello 公司与巴巴多斯出口局达成合作协议, 计划在巴巴多斯开发波浪能, 目标是建成 5 MW 波浪能发电场。

2021 年 12 月, Wello 公司"企鹅"号波浪能发电装置被拖回维兹卡亚港进行陆上检修。

（八）美国 C-Power 公司

2021 年 3 月, 美国 C-Power 公司在美国能源部资助下, 开展了 SeaRAY 自主海上电力系统研发(图 4.19)。该系统装机最大容量 1 kW, 最高储能 50 kW·h。

2021 年 6 月, SeaRAY 波浪能自主海上电力系统(AOPS)在美国国家可再生能源实验室（NREL）进行测试验证，后续将在 WETS 试验场进行安装。

图 4.19　SeaRAY 摆式波浪能发电技术

2021 年 8 月，C-Power 公司在夏威夷海试前将其新型现场数据收集和控制系统集成到 SeaRAY 设备中，为该设备的首次海试做准备。

（九）韩国 Ingine 公司

2021 年 3 月，韩国 Ingine 公司在韩国环境技术产业研究院（KEITI）资助下，推进其在印度尼西亚的 10 MW 波浪能项目。该项目于 2018 年 8 月启动，并获得了绿色气候基金（GCF）的支持。

2021 年 5 月，Ingine 公司位于越南 Ly Son 岛波浪能项目获得韩国开发银行 290 万欧元资助；同年 11 月，Ingine 公司越南项目获得美国国际开发署（USAID）86 万美元的资金支持，用于该岛波浪能发电场进行环境和社会影响评估。

2021 年 8 月，Ingine 公司参与加拿大温哥华 Yuquot 波浪能项目，利用 INWave 波浪能发电技术对温哥华海岸进行工程设计。

三、国际潮汐能产业 2021 年进展

（一）加拿大安纳波利斯潮汐能电站

加拿大于 1984 年在芬迪湾建成 20MW 的安纳波利斯潮汐能电站，是北美地区第一个潮汐能电站，装机容量长期位居世界前三，电站装有一台直径 7.6 m 的水平轴 Straflow 水轮机。2018 年，电站发电量持续减少，2019 年 1 月 15 日，由于一个关键部件失效，导致电站停止发电。2019 年 4 月 1 日，加拿大渔业和海洋管理局发布了一份通知，称电站需要根据《渔业法》获得授权方可继续运行。

2021 年 3 月，综合多方因素，加拿大新斯科舍电力公司宣布关闭安纳波利斯潮汐能电站。

（二）英国威尔士斯旺西潮汐电站

2013 年，英国潮汐潟湖电力（TLP）公司开始在塞文河口附近的斯旺西海湾论证建设潮汐潟湖电站的可能性。潮汐潟湖发电原理是利用天然形成的半封闭或封闭式的潟湖，在潟湖围坝上建设潮汐电站，利用潟湖内外涨潮水落潮时形成的水位差推动低水头涡轮机发电。由于其无需在河口拦坝施工，因而对当地的海域生态环境损害较小。2014 年 7 月，英国能源及气候变化部通过第三方评估认可了 TLP 公司提出的技术可行性。2019 年，英国宣布由于财政紧张，将不通过 CfD 对该项目进行电价补贴，但若获得其他渠道资金支持，仍可继续推进该项目。2019 年 12 月，TLP 公司发起 120 万英镑融资，以便在 2020 年 6 月项目用海协议到期前启动该项目的规划论证及基建工程一期。自 2011 年至今，约有 450 名私人投资方向该项目投资了 3 700

万英镑。

2021 年 10 月，由威尔士 DST Innovations 公司牵头的一个国际财团宣布，计划在斯旺西海岸启动蓝色伊甸园项目。项目总投资 17 亿英镑，位于斯旺西威尔士亲王码头以南的大片陆地和海域，计划于 2023 年启动，至 2035 年前分三个阶段建成。该项目包括建设一座 320 MW 潮汐潟湖发电站，可为整个蓝色伊甸园的开发提供电力。

第三节　国际海洋能组织动态

为促进海洋能开发利用经验交流，我国积极加入了相关国际海洋能组织并开展了务实合作。

一、国际能源署海洋能系统技术合作计划

2001 年，为了促进海洋能研发与利用，推动海洋能技术向可持续、高效、可靠、低成本及环境友好的商业化方向发展，葡萄牙、丹麦、英国 3 个发起国在国际能源署（IEA）的支持下成立了海洋能源系统实施协议（OES-IA），2016 年，IEA 将 OES-IA 更名为海洋能系统技术合作计划（OES-TCP）（以下简称 OES）。OES 以支持开展专题工作组跨国联合研究的形式，相继支持了多个成员国开展了"海洋能系统信息交流与宣传""海洋能系统测试与评估经验交流""波浪能及潮流能系统环境影响评价与监测"等十多个专题工作组的研究。截至2021 年底，OES 共有 24 个成员国（包括欧盟）（表 4.1）。

表 4.1 OES 成员一览表(截至 2021 年底)

加入时间	成员	缔约机构
2001 年	葡萄牙	国家能源和地质实验室
	丹麦	丹麦能源署(丹麦能源管理局)
	英国	能源和气候变化部
2002 年	日本	佐贺大学
	爱尔兰	爱尔兰可持续能源署
2003 年	加拿大	加拿大自然资源部
2005 年	美国	美国能源部
2006 年	比利时	联邦公共服务经济部
2007 年	德国	德意志联邦共和国政府
	挪威	挪威研究理事会
	墨西哥	墨西哥合众国政府
2008 年	西班牙	TECNALIA 研究院(2008—2017 年),比斯开湾海洋能试验场(2018 年至今)
	意大利	能源监管局
	新西兰	新西兰波浪能和潮流能协会
	瑞典	瑞典能源署
2009 年	澳大利亚	联邦科学与工业研究组织(2008—2013 年)
2010 年	韩国	海洋水产部
2011 年	中国	国家海洋技术中心
2013 年	摩纳哥	摩纳哥公国政府
2014 年	新加坡	南洋理工大学
	荷兰	荷兰企业管理局
2016 年	印度	国家海洋技术研究所
	法国	法国海洋能研究所
	欧盟	欧盟委员会
2018 年	澳大利亚	联邦科学与工业研究组织

2011 年,国家海洋技术中心作为缔约机构代表中国加入 OES,相继加入了多个专题工作组,并联合承担了温差能开发利用工作组。为履行 OES 成员国"海洋能系统信息交流与宣传"等职责,按季度编辑发行"海洋可再生能源开发利用政策简报",宣传国内外海洋能发展动态。

为加强成员国海洋能国际合作，促进信息交流，OES 每年召开两次执委会会议。OES 分别于 2021 年 3 月 10—11 日、2021 年 5 月 19—20 日、2021 年 9 月 15—16 日、2021 年 12 月 8 日以线上会议的形式召开了第 40~43 次执委会会议。

根据 OES 发布的《OES 年度报告 2021》统计，OES 成员已建成 37 个海洋能试验场，分布情况见图 4.20，还有 13 个海洋能试验场正在建设中（表 4.2）。

表 4.2 2021 年 OES 成员海洋能试验场统计

国家	试验场名称	位置	状态
英国	欧洲海洋能中心（EMEC）	苏格兰奥克尼群岛	运行
	Perpetuus 潮流能试验场（PTEC）	英格兰怀特岛	在建
	FaBTest 海洋能试验场	英格兰康沃尔郡	运行
	META 海洋能试验场	威尔士彭布罗克郡	在建
	MTDZ 潮流能试验场	威尔士安格尔西岛	在建
加拿大	芬迪湾海洋能源研究中心（FORCE）	新斯科舍省芬迪湾	运行
	加拿大水轮机测试中心（CHTTC）	马尼托巴省	运行
	（北大西洋大学）波浪能研究中心（WERC）	纽芬兰与拉布拉多省	运行
荷兰	TTC 潮流能试验场	登乌弗	在建
	REDstack 盐差能试验场	阿夫鲁戴克大堤	运行
	Texel 波浪能试验场	泰瑟尔岛	运行
爱尔兰	SmartBay 海洋能试验场	戈尔韦湾	运行
	大西洋海洋能试验场（AMETS）	梅奥郡贝尔马利特	在建
美国	美国海军波浪能试验场（WETS）	夏威夷卡内奥赫湾	运行
	太平洋海洋能中心北部能源试验场（PMEC NETS）	俄勒冈州纽波特	运行
	太平洋海洋能中心华盛顿湖试验场（PMEC LW）	华盛顿州西雅图	运行
	太平洋海洋能中心塔纳纳河水动力试验场（PMEC TRHTS）	阿拉斯加州尼纳纳	运行
	珍妮特码头波浪能试验场（JPWETF）	北卡罗来纳州珍妮特码头	运行
	美国陆军工程师团河流能试验场（USACE FRF）	北卡罗来纳州 Duck	运行

国家	试验场名称	位置	状态
美国	（新罕布什尔大学）海洋可再生能源中心（CORE）	新罕布什尔州达勒姆	运行
	UMaine Alfond W2 海洋工程实验室（UMaine W2OEL）	缅因州奥罗诺	运行
	UMaine 深海可再生能源试验场（UMaine DO-REOTS）	缅因州蒙希根岛	运行
	海洋温差能试验场（OTECTS）	夏威夷凯阿霍莱角	运行
	东南国家海洋可再生能源中心（SNMREC）	佛罗里达州博卡拉顿	运行
	海洋可再生能源联盟伯恩潮流能测试场（MRECo BTTS）	马萨诸塞州伯恩	运行
葡萄牙	Pilote Zone 海洋能试验场	维亚纳堡	运行
	阿古萨多拉海上试验场	阿古萨多拉	在建
西班牙	比斯开海洋能试验场（BiMEP）	巴斯克地区	运行
	Mutriku 波浪能电站	巴斯克地区	运行
	PLOCAN 海洋平台	加那利群岛	运行
	Punta Langosteira 试验场	加利西亚	在建
墨西哥	Port El Sauzal 海洋能试验场	下加利福尼亚州恩塞纳达	在建
	莫雷洛斯港试验站（Station Puerto Morelos）	金塔纳罗奥州莫雷洛斯港	在建
丹麦	丹麦波浪能中心（DanWEC）	汉斯特霍尔姆	运行
	丹麦波浪能中心尼苏姆湾试验场（DanWEC NB）	尼苏姆湾	运行
比利时	奥斯坦德波浪能试验场	奥斯坦德港	运行
挪威	伦德环境中心（REC）	伦德岛	运行
瑞典	吕瑟希尔波浪能试验场	吕瑟希尔	运行
	Söderfors 海洋能试验场	Dalälven	运行
法国	SEM-REV 海洋能试验场	Le Croisic	运行
	SEENEOH 海洋能试验场	波尔多	运行
	Paimpol-Bréhat 海洋能试验场	Bréhat	运行
	Sainte-Anne du Portzic 波浪能及浮式风能试验场	布雷斯特	在建
中国	国家海洋综合试验场（威海）	山东威海	运行
	国家海洋综合试验场（舟山）	浙江舟山	在建
	国家海洋综合试验场（珠海）	广东万山	在建
韩国	韩国波浪能测试场（K-WETS）	济州岛	运行
	韩国潮流能中心（KTEC）	珍岛	在建
日本	AMEC（Naru）潮流能试验场	长崎五岛列岛	运行
新加坡	圣淘沙岛潮流能试验场（STTS）	圣淘沙岛	运行

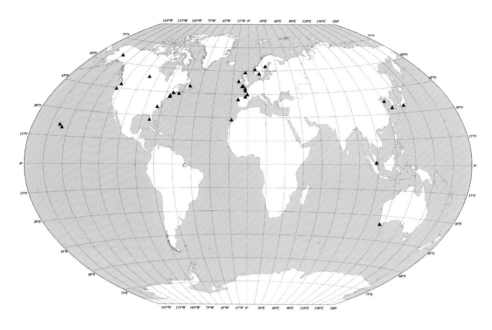

图 4.20　全球海洋能已建成试验场分布情况（截至 2021 年底）

二、国际电工委员会波浪能、潮流能和其他水流能转换设备技术委员会

2007 年，为推动海洋能转换系统国际标准的制定和推广，国际电工委员会（IEC）成立了海洋能——波浪能、潮流能和其他水流能转换设备技术委员会（IEC/TC114），标准化范围重点集中在将波浪能、潮流能和其他水流能转换成电能。IEC/TC114 成员国包括参与成员国和观察员国两种，参与成员国拥有对提交表决的所有问题、询问草案和最终国际标准草案进行投票表决以及参加会议的权利和义务。中国于 2013 年加入 IEC/TC114。截至 2021 年底，IEC/TC114 共有 29 个成员国（表 4.3）。

表 4.3　IEC/TC114 成员国一览表

	成员国/组织	缔约机构
参与成员国	澳大利亚	澳大利亚标准化组织
	比利时	比利时电工委员会
	加拿大	加拿大标准协会
	中国	国家标准化管理委员会
	德国	德国电子电气信息技术协会
	丹麦	丹麦标准协会
	西班牙	西班牙标准化协会
	法国	法国标准化协会
	英国	英国标准协会
	爱尔兰	爱尔兰国家标准局
	伊朗	伊朗国家标准化组织
	意大利	意大利电工技术委员会
	日本	日本工业标准委员会
	韩国	韩国技术标准院
	荷兰	荷兰电工委员会
	新加坡	新加坡标准理事会
	美国	美国国家标准学会
观察员国	巴西	巴西电力电子照明及通信委员会
	捷克	捷克标准计量测试办公室
	芬兰	芬兰电气标准协会
	挪威	挪威电工委员会
	波兰	波兰标准化委员会
	葡萄牙	葡萄牙认证研究院
	罗马尼亚	罗马尼亚标准协会
	俄罗斯	俄罗斯联邦技术和计量部
	沙特	沙特标准计量和质量局
	瑞典	瑞典标准化组织
	以色列	以色列标准协会
	乌克兰	乌克兰国家电工委员会

IEC/TC114 国内技术对口单位为哈尔滨大电机研究所，2014 年，发起成立了全国海洋能转换设备标准化技术委员会(SAC/TC546)，促进国际海洋能标准转化工作。

三、国际可再生能源署

2009 年，以"促进所有形式的可再生能源的推广、普及和可持续利用"为目标，在德国波恩成立了政府间组织——国际可再生能源署（IRENA），总部设在阿联酋。中国于 2014 年正式加入 IRENA，缔约机构为国家能源局。截至 2021 年底，IRENA 共有 167 个成员国。

第五章　OES 成员国海洋能技术进展

2021 年，OES 成员国在海洋能技术研发及示范、海上试验场建设及运行等方面取得了诸多进展。

第一节　英国 2021 年度海洋能技术进展

尽管 2021 年充满挑战，但英国海洋能行业仍实现了持续创新和跨境合作，开展了海上测试和最先进海洋能装置的布放。英国仍然保持波浪能和潮流能领域的全球领先地位。英国海洋能行业的主要问题仍是要加快降低发电成本，使其能够与其他低成本可再生能源技术竞争，并为英国 2050 年净零排放目标做出实际贡献。

一、英国波浪能技术进展

2021 年，英国继续开展波浪能的创新研发，推动波浪能向更高的技术成熟度和商业化方向发展。

苏格兰波浪能计划（WES）持续为波浪能创新和示范项目提供资金支持。2021 年，WES 支持 AWS Ocean Energy 公司和 Mocean Energy 公司分别开展了实海况测试（图 5.1）。

2021 年 6 月，Mocean Energy 公司的 Blue X 波浪能样机在 EMEC

的 Scapa Flow 试验场开展了首次海试，这台装机容量 10 kW 的装置在海上运行了 154 天，稳定输出功率 5 kW。

Europewave 宣布其项目成功通过前商业化采购流程第一阶段，最终将在 EMEC 和西班牙 Bimep 进行测试。

图 5.1　AWS 水下压差式波浪能装置

二、英国潮流能技术进展

2021 年，英国潮流能装置向商业化发展更进一步，实现了多个行业里程碑。Orbital 公司的 O2 机组(2 MW)、Magallanes 公司的 ATIR 潮流能平台(2 MW)相继在 EMEC 开展示范。NI 公司的设得兰群岛潮流能阵列成功扩容。在欧盟项目支持下，与法国拓展潮流能合作，计划到 2023 年安装 8 MW 潮流能装置。

(一)Magallanes Renovables 潮流能技术

2019 年 3 月，西班牙 Magallanes Renovables 公司开发的 1.5 MW 机组 ATIR 在 EMEC 并网。2021 年 4 月，ATIR 机组经维护后重新在

EMEC 并网运行(图 5.2)。

图 5.2　Magallanes Renovables ATIR 机组

(二)Nova Innovation 潮流能技术

2021 年,苏格兰企业协会为 Nova Innovation(NI)公司承担的潮流能批量化制造项目提供 200 万英镑资金,苏格兰国家投资银行出资 640 万英镑支持其创新型机组制造,欧洲创新委员会加速器基金出资 250 万欧元支持研发和示范新型机组。2021 年,NI 公司还宣布了一个生产苏格兰威士忌的项目计划,其蒸馏过程由潮流能阵列供电。

(三)Orbital Marine Power 潮流能技术

2021 年 5 月,Orbital 公司在 EMEC 成功安装了 O2 机组,并开始为当地电网供电。O2 机组进行了一系列技术创新以降低潮流能的成本,包括装配两个直径 20 m 的转子,形成了目前单台潮流能发电装置的最大横扫面积,采用浮式潮流能装置的轮轴和新型"鸥翼"伸缩系统可以减低成本,简化整个发电机组的使用。

三、英国海洋能试验场进展

（一）EMEC

EMEC 成立于 2003 年，是世界领先的波浪能和潮流能测试和示范中心。EMEC 是唯一一个获得英国皇家认可委员会（UKAS）认可和 IEC 可再生能源认证体系（IECRE）认证的海洋能测试中心，总部位于苏格兰奥克尼群岛，拥有 13 个全比例装置测试泊位和 2 个比例样机测试泊位。

2021 年，EMEC 在其 Scapa Flow 波浪能小比例试验场开展了 Mocean Energy 公司 Blue X 波浪能装置测试。在 Fall of Warness 潮流能试验场完成了 Magallanes Renovables 公司的 1.5 MW ATIR 潮流能平台测试，Orbital Marine Power 公司也在 EMEC 开始测试新的 2 MW O2 机组。EMEC 还开展多项子系统验证和环境监测活动，包括一系列声学调查、多传感器潮流测量平台、系泊解决方案和生物污染解决方案等。EMEC 牵头了位于怀特岛的 Perpetuus 潮流能中心（PTEC）的许可工作，该中心于 2021 年 12 月获得规划许可，从而有资格竞标英国 CfD 计划；2021 年 5 月，EMEC 在美国为 Verdant Power 公司潮流能发电阵列开展了全球首次国际海洋能电力性能测试评估工作。

（二）Wave Hub 试验场

Wave Hub 位于康沃尔郡，可用于测试大型海洋能并网发电装置。测试场海域使用面积为 8 km²，建有 4 个测试泊位。2021 年，瑞典浮式海上风电开发商 Hexicon 完成了从康沃尔郡议会收购 Wave Hub 试验场的工作。

（三）META 海洋能试验场

META 海洋能试验场是威尔士海洋能协会建立的试验场，位于彭布罗克郡米尔福德港水道，设计有 7 个测试泊位，可以开展组件、子组件和单个设备阶段的测试，EMEC 和 Wave Hub 为该试验场的建设提供了战略性建议，总建设经费 6 000 万英镑。2019 年 9 月启动了试验场一期工程建设。2021 年，META 与苏格兰皇家资产管理局签署了海域租约。

（四）MTDZ 潮流能试验场

Morlais 潮流能示范区（MTDZ 潮流能试验场），位于安格尔西岛，面积 37 km²，可用于海洋能发电装置测试、示范及商业化运行。示范区总预算 3 300 万英镑，2020 年得到欧盟和威尔士政府 450 万英镑资金支持。2021 年，威尔士政府批准了 MTDZ 规划申请，威尔士自然资源部的环境监管机构也颁发了用海许可。2022 年将开展配电网等施工，目前已有 7 家开发商和制造商签署了泊位租赁协议。

（五）Perpetuus 潮流能中心

Perpetuus 潮流能中心（PTEC）位于怀特岛，潮流能最大并网测试及示范容量为 30MW，是英格兰地区第一个海洋能试验场。2021 年 12 月，PTEC 陆上部分获得了规划许可，意味着 PTEC 所有的许可申请已经到位，并且有资格竞标 CfD。PTEC 已与 Orbital Marine Power 公司签署了协议，将从 2023 年开始布放其创新且经过验证的 O2 机组，到 2025 年建成。

第二节　美国 2021 年度海洋能技术进展

2021 年，美国海洋能开发利用取得巨大进步，共布放了 4 台潮流能发电装置和 1 台波浪能发电装置。2022 年初，将在夏威夷开展更大规模的波浪能发电装置示范。PacWave South 是美国第一个经认证的并网、开阔海域波浪能试验场，正稳步推进海上泊位建设和扩建。除了测试和示范之外，美国还开展了大量的技术研发活动。

一、美国海洋能技术进展

（一）Verdant Power 潮流能技术

Verdant Power 公司研发的第五代水动力发电系统（Gen5）是一种水平轴式潮流能机组，包含一个三角架结构——TriFrame（3 台机组安装形成阵列），完成了机组间距优化，降低了安装、运维和回收的成本。2021 年 5 月，Verdant Power 公司对布放在纽约东河的 3 台潮流能机组阵列进行了维护，经过 6 个月的水下作业，对其中 1 台机组进行了回收和再布放，将其叶片更换为新型热塑叶片。截至 2021 年 7 月，该阵列发电量超过 $3 \times 10^5 \mathrm{kW \cdot h}$。

（二）ORPC 河流能技术

ORPC 在阿拉斯加州伊久吉格的 Kvichak 河测试了一个 35 kW 的横流式河流能机组（RivGen©）。RivGen© 可为该地区提供大约一半的电力供应，大幅度降低当地对柴油发电的依赖。该系统曾于 2019 年夏天完成首次海试，经改进后于 2020 年 10 月重新下水测试。2021 年 8 月，

ORPC 在阿拉斯加州伊久吉格安装了第二台 RivGen 河流能机组。

（三）LPS 潮流能技术

2021 年 8 月，沿海电力系统公司（LPS）设计的一台潮流能机组安装到马萨诸塞州科德角湾的 Bourne 潮流能试验场进行测试，这是该试验场首次开展潮流能机组测试。

（四）CalWave 波浪能技术

2021 年 9 月，CalWave 电力技术公司在加利福尼亚州圣地亚哥的斯克里普斯海洋研究所附近海域调试了 CalWave x1 波浪能发电装置，该装置将开展为期 6 个月的测试（图 5.3）。

图 5.3　CalWave x1 波浪能发电装置

（五）C-Power 波浪能技术

C-Power 公司准备在美国夏威夷 WETS 波浪能试验场布放其 SeaRAY 自主式海上电力系统（AOPS），2022 年将开展 6 个月的海试。AOPS 所发电力将用于驱动 BioSonics 公司和 Saab 公司的水下机器人等水下环境监测系统。

（六）Oscilla Power 技术

Oscilla Power 公司正在进行装机容量 100kW 的 Triton-C 波浪能发电装置的最终组装，即将在夏威夷 WETS 试验场开始为期一年的测试（图 5.4）。

图 5.4　Triton-C 波浪能发电装置

二、美国海洋能试验场进展

美国众多大学、私营公司、非营利组织和国家实验室都积极参与海洋可再生能源研究，这些机构共有约 40 个海洋能专业基础设施。为了促进海洋可再生能源技术的研究、教育和推广，WPTO 与 5 所大学合作，共同运营着 3 个国家海洋可再生能源中心。

太平洋海洋能中心（PMEC）：前身为西北国家海洋能中心，由华盛顿大学、俄勒冈州立大学和阿拉斯加费尔班克斯大学合作成立，负责协调西北太平洋地区海洋能测试设施的使用，并与利益相关方合作，共同应对海洋能发展面临的主要挑战。

夏威夷国家海洋可再生能源中心（HINMREC）：由夏威夷大学马诺

阿分校的夏威夷自然能源研究所负责运营，主要目标是促进商业化波浪能系统的开发和应用。HINMREC 还协助管理夏威夷的两个试验场——波浪能试验场和温差能试验场。

东南国家海洋可再生能源中心（SNMREC）：由佛罗里达大西洋大学负责运营，研究重点是美国东南部的海流能和海洋温差能。

PacWave 波浪能试验场：将在距俄勒冈州约 11 km 的海域建设四个测试泊位，可开展波浪能发电装置和阵列的海上测试，最大并网测试能力达 20 MW。2021 年，在获得联邦许可和海域租约后，该试验场开工建设。截至 10 月，完成了海上电缆水平定向钻探程序。

第三节　欧盟 2021 年度海洋能技术进展

2021 年，欧盟继续通过"Horizon 2020"（H2020）和"欧洲区域发展基金"等资金计划支持海洋能开发利用。新的"创新基金"支持计划已于 2020 年启动。在"欧洲绿色协议"欧盟可持续蓝色经济发展新举措、战略能源技术计划（SET-Plan）等措施支持下，欧盟海洋能技术取得持续进展。新的研究、示范和创新计划"Horizon Europe"（取代"Horizon 2020"计划）于 2021 年启动。

一、欧盟海洋能资金计划动态

"Horizon Europe"2021 年征集的海洋能项目支持建议主要针对以下三个方面：以增加实海况运行经验为目标的波浪能装置示范，新型潮流能装置转子、叶片和控制系统示范，海洋能新型锚系、基础、浮式结构和连接系统等研发及示范。

欧洲投资银行(EIB)与欧盟联合实施的"InnovFin能源示范项目"(EDP)计划,以贷款的方式为同类中首批次项目提供支持。InnovFin计划旨在推动与加快建立欧洲未经验证市场的创新业务与项目的融资,有助于降低示范项目的财务风险,将根据项目需求提供股权与债权支持。

InvestEU计划汇集欧盟目前可用的多种金融工具,推广欧洲投资计划的成功模式——容克投资计划(Juncker Plan)。通过InvestEU,欧盟将进一步促进相关领域的投资、创新和创造就业机会。

欧盟通过BleuInvest计划支持海洋能行业的初创企业、中小型企业和大型企业的融资渠道,促进蓝色经济可持续技术的创新和投资。BlueInvest试点计划由欧洲投资基金进行管理,并为在战略上面向和支持创新蓝色经济的股票基金提供融资。

二、欧盟海洋能在研项目进展

H2020计划在2014—2021年,共支持了50个不同技术发展阶段的海洋能项目。其中,2021年启动了3个项目,目前仍有15个项目在研(表5.1)。

表5.1　H2020计划支持的在研海洋能项目

支持年度	项目	开发商	研究重点
2021年	EU-SCORES	Corpower	展示多能互补(风能、太阳能和波浪能)持续发电的好处。比利时将在一个固定式海上风电场安装海上光伏系统,葡萄牙将在一个海上浮式风电场安装波浪能阵列
2021年	FORWARD-2030年	Orbital Marine Power	开发一个综合能源系统,开展可预测的浮式潮流能发电、风力发电、并网、储能和绿色制氢

支持年度	项目	开发商	研究重点
2021 年	EuropeWave	—	以 WES 计划工作为基础，促进欧洲波浪能创新向商业化过渡。项目采用了创新的"商业前采购"方式，以确定并资助最有前景的波浪能技术
2020 年	Valid	Corpower	开发和验证新的加速混合测试试验转换器平台，以提高波浪能组件和子系统的可靠性和生存能力
2020 年	Impact	—	开发和示范用于波浪能装置的下一代 250 kW 测试平台
2020 年	MUSICA	SINN Power	开发一种可复制的智能多用途空间平台，用于在小型岛屿上同时使用三种可再生能源（风能、光伏能和波浪能），支持蓝色经济
2019 年	LiftWEC	—	开发一种新型波浪能装置，利用旋转水翼上产生的升力来提取波浪能
2019 年	Element	Nova Innovation	利用人工智能提高潮流能涡轮机的性能
2019 年	NEMMO	Magallanes/Sagres	重点关注潮流能涡轮机叶片的开发
2018 年	The Blue Growth Farm	WAVENERGY.IT SRL	利用一个 10 MW 风机和多个波浪能发电装置集成的漂浮式平台开展服务蓝色经济示范
2018 年	RealTide	Sabella，EnerOcean	识别潮流能机组故障，改进叶片和动力输出装置（PTO）等部件设计
2018 年	Imagine	—	开发新的电动机械发电机
2018 年	MegaRoller	AW Energy	为波浪能发电装置开发下一代 PTO 并进行示范
2018 年	Sea-titan	Wedge，Corpower	直驱 PTO 设计、加工、测试和验证，可与多种类型波浪能装置一起使用
2018 年	DTOcean Plus	Corpower，EDF，Naval Energies，Nova Innovation	开发海洋能技术第二代开放资源设计工具并进行示范，包括子系统、能量捕获装置和阵列

欧洲海事与渔业基金（EMFF）致力于促进欧洲蓝色经济的增长和就业复苏，侧重于支持海洋能技术开发环境影响研究。EMFF 已申请了 2021—2027 年基金预算，总额将超过 60 亿欧元，进一步支撑蓝色经济发展、维护海洋生物多样性、增进国际及区域海洋治理。

欧盟通过区域合作计划 Interreg 支持区域跨国合作，2016—2019 年共有 16 个项目全部或部分支持了海洋能，总额达 1.32 亿欧元。

第四节　法国 2021 年度海洋能技术进展

2021 年，法国在海洋能开发利用方面取得了较大进展。法国潮流能技术的海上长期示范运行(1 年以上)证明其具备了并网发电能力。在世界上潮流能资源最为丰富的海域之一——Raz Blanchard，两个已获批的潮流能示范区进展顺利。与此同时，针对离网型或其他用途设计的特定潮流能机组、波浪能发电装置和混合式发电系统的测试仍在持续。

一、法国海洋能政策动态

法国迫切需要加速实现《巴黎气候协定》主要目标，即到 2050 年实现碳中和。2021 年 10 月，法国输电系统运营商(TSO)发布了一项关于电力系统发展路线图——"能源路径 2050"。该路线图指出，海洋可再生能源对法国能源结构的贡献可高达 $3 \times 10^6 \mathrm{kW}$。

截至 2021 年底，法国已为 2 个潮流能发电项目提供了电价支持，给予固定上网电价为 173 欧元/(MW·h)，并可获得部分资金资助以及贷款优惠，但目前这两个项目由于机组技术原因仍处于搁置状态。

法国的海上可再生能源政策、许可和激励措施制定目前由生态转型部负责，海洋部负责制订海洋空间规划。2018—2021 年，法国颁布了一系列法律和法令，简化了海上可再生能源开发利用流程：

● 大部分法律义务(初步技术研究、初步环境评估和公众参与)都在实际许可证发放之前完成，大大降低了项目开发商风险；

● 如果开发商提供了评估每个可变特征的最大负面影响研究，则可以颁发相关许可证，允许应用不同技术(保持技术灵活性)；

- 对于商业化发电场，输电电缆费用由法国输电系统运营商承担，并承担更多的法律和财务责任；

- 2021年12月31日，为下一步在专属经济区内开发海洋可再生能源，法国建立了一个监管框架，适用于专属经济区内各种海上可再生能源开发活动。

二、法国海洋能技术进展

（一）Paimpol-Bréhat 试验场

由法国电力集团运营的 Paimpol-Bréhat 试验场，主要用于潮流能装置海试。

2021年9月，在 Paimpol-Bréhat 试验场完成为期两年测试之后，对 HydroQuest 1 MW 垂直轴式机组进行了回收。测试期间，机组通过 BV 的功率曲线测试认证，其长期连续工作以及机组可靠性得到了验证。

（二）SEM-REV 试验场

SEM-REV 试验场位于大西洋沿海勒克鲁瓦西克，由南特中央理工学院管理，可用于波浪能发电装置和浮式风机测试。GEPS 技术公司设计建造的 Wavegem 平台是波浪能/太阳能混合发电平台，可为没有接入电网的海上或岛屿设施供电（图 5.5）。这个 21 m×14 m×7 m 的平台通过海水闭环循环将浮子的动能转换为电能，驱动低速透平从波浪中捕获能量，总装机容量达到 150 kW。该平台由四点系泊系统固定，2019年8月开始在 SEM-REV 试验场海试，2021年11月结束，然后被拖回圣纳泽尔港进行维护。2022年夏季，将在该平台上安装直接转换式海水氢电解槽，并开展海上制氢示范。

图 5.5　Wavegem 平台返回圣纳泽尔港

(三)计划布放的项目

HydroQuest 公司和电力供应商 Qair 公司准备在诺曼底 Raz Blanchard 开发 FloWatt 潮流能示范项目，将布放 7 台 HydroQuest 机组，单机功率 2.5 MW，总装机容量为 17.5 MW，机组建造将于 2023 年开始，预计 2025 年投入运行。

SABELLA 公司计划于 2022 年夏天在 Fromveur 水道重新布放其并网的 D10-1000 潮流能机组，开始其第三次测试活动。

第五节　西班牙 2021 年度海洋能技术进展

一、西班牙海洋能政策动态

2021 年，西班牙发布了《西班牙海上风能和海洋能路线图》，提出到 2030 年，海洋能(主要是波浪能)装机容量达到 40~60 MW。《海洋空间规划方案》于2021年6月进入皇家法令草案咨询与信息公开阶段。由于海洋能未达到商业化阶段，因此《海洋空间规划方案》并未划定海洋能优先利用区。

二、西班牙海洋能技术进展

波浪能技术研发机构 WELLO 公司和 WAVEPISTON 公司分别在 BiMEP 和 PLOCAN 开始测试其样机，Mutriku 波浪能电站运行效果良好。

（一）海上在运行项目

WELLO 公司波浪能技术：2021年，芬兰 WELLO OY 公司在 BiMEP 安装了"企鹅2号"波浪能发电装置，2021年6月运抵 BiMEP，2021年12月回收进行检查、维护和维修（图5.6）。在此期间，"企鹅2号"波浪能发电装置实现并网运行，期间波浪的最大波高达到了11 m，有助于更好地了解这项技术在极端海况下的性能。相比于"企鹅1号"，在海洋工程巨头——Saipem 公司的支持下，发电装置的布放和运维更为专业。

图5.6 "企鹅2号"波浪能发电装置海试

WAVEPISTON 公司波浪能技术：丹麦 WAVEPISTON 公司在 PLO-CAN 试验场安装了两个全比例波浪能发电装置(图 5.7)，可以将波浪运动转化为电力和淡化水。该样机系统在两个锚泊浮标之间安装一系列波浪能获能装置，随着波浪运动，加压海水被泵入通向透平或反渗透系统的管道，以获得电能或淡化水。该技术的主要特点在于其灵活、坚固和轻便的结构、模块化设计以及对海洋环境的微弱影响。

图 5.7　WAVEPISTON 样机海试

HARSHLAB 测试装置：Harshlab 0.5 用于测试海水腐蚀或生物污染等海洋环境与材料之间相互影响的装置(图 5.8)。2021 年，开展了 4 项测试研究——测试各类具有防污性能的添加剂、开发海上风电腐蚀模型、纳米粒子新型涂层示范等。

(二)计划布放的项目

丹麦 WAVEPISTON 公司在欧盟"地平线 2020 研究与创新计划"支持下开展的 W2EW(从波浪能到电力和淡化水)项目于 2021 年启动。该计划将在离网海岛和偏远孤网沿海地区推广 W2EW 解决方案，以取代柴油发电机并提供可再生能源电力和淡化水。该项目的样机计划安装到 PLOCAN 试验场。

图 5.8   位于毕尔巴鄂港的 Harshlab

第六节   韩国 2021 年度海洋能技术进展

一、韩国海洋能政策动态

韩国海洋水产部（MOF）正在制定一项新的海洋能行业长期发展路线图，为 2050 年前实现碳中和目标做出贡献，这是目前海洋能 2030 年发展路线图的扩展。为支持 MOF 的海洋能商业发展目标，多个海洋能研发项目投入开发。

依据国际电工委员会发布的国际技术规范，启动了一项海洋能国家标准编制。

二、韩国海洋能技术进展

韩国海洋工程研究所（KRISO）开发了一个 30 kW 振荡水柱式

(OWC)波浪能发电装置,可与防波堤和储能系统相结合,为偏远离网岛屿供电,2021 年在位于楸子岛(Chuja Island)Mook-ri 港口建成示范电站(图 5.9)。

图 5.9　Mook-ri 港振荡水柱式波浪能电站

两个潮流能发电装置研发项目正处于开发阶段:可为偏远离网岛屿供电的带储能系统的潮流能发电装置示范项目;韩国海洋科学技术研究所(KIOST)开发的 1 MW 潮流能发电装置。

采用双垂直轴 Darrius 机组的潮流能加储能海岛示范电站正处于开发阶段,潮流能电站的钢支撑结构的顶部将配备发电机和桥式起重机等维护设施。每台潮流能机组额定功率为 50 kW,储能设计为 500 kW·h,以减少岛上的用电负荷。KIOST 计划于 2022 年在开放海域条件下测试其性能。

三、韩国海洋能试验场动态

韩国波浪能测试场(K-WETS)位于济州岛西部海域,利用现有的

Yongsoo振荡水柱式波浪能装置作为第一个测试泊位，同时也作为试验场的海上变电站，由韩国船舶与海洋工程研究所（KRISO）负责开发，总预算约为1 730万美元。试验场另有4个泊位，两个位于浅水区，水深15 m，两个位于深水区，水深40~60 m，都已连接到海上变电站和电网系统，总装机容量为5 MW。该试验场于2020年9月启用。Yongsoo波浪能示范电站正在升级，以提高容量系数和智能化运营水平。

图5.10　潮流能中心实验楼和测试装置

韩国潮流能中心（KTEC）潮流能试验场位于朝鲜半岛西南水域（Uldolmok潮流能电站所在海域），由KIOST负责，包含5个测试泊位，水深25~30 m，并网装机容量为4.5 MW，将于2022年底建成。韩国潮流能中心（KTEC）的陆上设施部分于2021年在KIOST釜山总部建成（图5.10）。该实验楼配备了3台叶片强度测试装置和超声波及热成像等无损检测设备，将于近期作为KOLAS认证的测试实验室进行叶片强度试验和无损检测。由于用海审批等问题，潮流能海上试验场建设目前已被推迟。

第七节 其他国家 2021 年度海洋能技术进展

一、瑞典海洋能技术进展

2021 年，瑞典海洋能产业化和商业化迈出了重要一步。Minesto 公司在法罗群岛布放的 DG100 潮流能机组运行良好，还推出了新一代"龙级"机组。Novige 公司的波浪能发电装置在法国 LHEEA 实验室完成测试，Novige 还获得了欧盟 LIFE 计划 210 万欧元资助，将布放首台 500 kW 装置。CorPower 公司完成了 C4 波浪能发电装置动力输出系统空载测试，并在 Viana do Castelo 建立了一家移动式制造工厂。

Novige/NoviOcean 波浪能发电装置：Novige 公司研发的点吸收式波浪能转换装置 NoviOcean，通过液压缸将高压水泵送到水斗式水轮机，从而带动发电机运行。2021 年，改进后的 1/5 比例样机——NO2 在法国南特 LHEEA 波浪测试设施中完成室内测试（图 5.11）。Novige 公司计划于 2022 年 2 月在斯德哥尔摩群岛海域布放全比例样机，以监控长期运行中的装置发电和功能情况。

Minesto 潮流能机组法罗群岛项目：2021 年，Minesto 的 DG100 潮流能机组在法罗群岛的 Vestmannasund 成功并网运行（图 5.12），验证了 Minesto 的 Deep Green 技术的海上运行和发电性能。该机组性能通过了 DNV 国际标准的第三方认证。Minesto 公司推出的"龙级"潮流能机组，计划 2022 年安装并调试 1.2 MW 型机组，为法罗群岛和威尔士的 10 MW 波浪能商业化阵列奠定基础。

图 5.11　在 LHEEA 拖曳水池开展测试的 NoviOcean

图 5.12　DG100 机组在法罗群岛 Vestmannasund 布放

CorPower 公司正在开发小型的高效波浪能转换装置，采用先进的控制技术，可显著提高波浪能转换效率。CorPower 公司正在开展的 Hi-Wave-5 项目将布放 4 个全比例 C4 波浪能发电装置，获得了 DNV GL 认证。2021 年，C4 的 PTO 系统在 CorPower 位于 Stockholm 南部的全比例测试台开展了调试（图 5.13），该测试台是世界上最大和最先进的 7.2 MW 空载试验平台。CorPower 位于葡萄牙北部 Viana do Castelo 的工厂建造了一个用于现场制造全比例复合浮标壳体的新型移动工厂单元，该工艺已通过 DNV 认证。通过 UMACK 项目开发的新型桩锚可改善海洋能发电装置基础的尺寸和成本，采用高效环保和低噪声振动驱动技术安装，2021 年，第一个全比例 UMACK 锚完成制造并交付，将于 2022 年布放在 Agucadoura 海域。

图 5.13　CorPower C4 PTO 在 Stockholm 空载试验台测试

二、加拿大海洋能技术进展

2021 年是加拿大海洋能研发和布放工作的重要一年。活跃在新斯科舍省芬迪湾的潮流能开发商在设备制造与加工、环境监测计划与技术、许可审批等方面均取得了显著成就。潮流能行业有望在 2022 年加快实施装置布放工作。为支持行业的发展，加拿大政府不断提供重要且必要的基础调查研究。

2021 年 2 月，加拿大政府启动了国家蓝色经济战略制定的磋商程序。政府针对可持续性蓝色经济的愿景，通过创新支持发展海洋相关行业，为清洁健康的海洋做出贡献。该战略的重点之一为"海洋能源"，海洋能源开发利用需要各级政府间的合作以及私营部门的加大投资，才能推进海洋能从示范走向商业化。

Sustainable Marine 公司：在新斯科舍省 Grand 水道推出了其第二代平台 PLAT-I 6.43。该平台的装机功率相比第一代样机增加了 50%。Sustainable Marine 公司在 Grand 水道场点建设的变电站已经完工，且其监控与数据采集系统也已安装完成。在 FORCE 布放之前，将对该系统的陆上和海上部分进行测试。

Big Moon Power 公司：开始组装其首台机组，这是计划在 FORCE 布放的 18 台机组中的第一台。每台机组装机 500 kW。

DP 能源公司：2021 年，在 FORCE 完成了潮流能电站海洋环境监测平台的进一步测试。2021 年 8 月，与 Chubu 和 K-Line 签署联合开发协议，共同推动 9 MW 的 Uisce Tapa 项目的第一阶段初步规划。

NI 公司：已获得加拿大渔业和海洋部（DFO）对项目第一阶段的授权，该阶段计划完成 5 台 100 kW 的潮流能机组安装。2022 年初，公司计划安装一个远程观测平台和相关仪器，以便在首次部署机组之前进行环境背景场监测。

三、澳大利亚海洋能技术进展

2021 年 11 月，《澳大利亚国家海上电力基础设施法案 2021》通过参议院审议，为澳大利亚海上电力基础设施项目的建设、运营、维护和退役建立监管框架，将有力地支持澳大利亚海洋能开发。该法案包括三类许可：商业性项目用海许可，研究与示范项目用海许可，电力传输与基建许可。海上风能和波浪能综合利用项目适用于研究与示范项目用海许可，在商业化之后还可适用于商业性项目用海许可。

2021 年底，澳大利亚《维多利亚州海洋与沿海战略草案》出台，正在征求意见，最终将于 2022 年发布，在未来 5 年内开展重点行动，该战略提出了发展海洋能的相关举措。

Wave Swell Energy 金岛项目：这是澳大利亚首个波浪能发电示范项目。波浪能发电装置于 2021 年 1 月布放到塔斯马尼亚州金岛海域。自 2021 年 6 月以来，该装置一直在为金岛电网供电。2021 年 11 月，Wave Swell Energy 获得了全球能源奖的能源发电类特别技术奖。自 2000 年以来，全球能源奖每年举办一次，是世界上最负盛名的可持续发展奖项之一。

EuropeWave PCP：由苏格兰波浪能计划和西班牙巴斯克能源署联合设立的欧洲试商用采购计划（EuropeWave PCP），共选定了 7 家国际波浪能公司，澳大利亚的 Carnegie 清洁能源公司和 Bombora 波浪能公司被选定为其中的两家。

Altum Energy 公司：前身是 MAKO Tidal Turbines 公司。2021 年，Altum Energy 公司成功获得英国的投资，继续推进其低流速、模块化潮流能技术。澳大利亚作为该公司的技术开发中心，其金融总部设在伦敦。

四、意大利海洋能技术进展

2021 年，意大利海洋能技术创新和装备研制取得一定进展。

REWEC3 波浪能发电装置：雷焦卡拉布里亚地中海大学研建的谐振式波浪能发电装置——REWEC3，是一种集成到整体式钢筋混凝土结构（如防波堤）的特殊类型振荡水柱式发电装置。该装置由一个垂直的气动室组成，通过 U 形管道连接到开放海域。首台 20 kW 发电装置已经安装到那不勒斯港防波堤。目前奇维塔韦基亚港务局正规划采用REWEC3 技术在防波堤中集成 17 个沉箱式装置，每个沉箱长

33.94 m，包括 6~8 个独立舱室，总装机容量为 2.5 MW。

防波堤能源转换装置（OBREC）：意大利坎帕尼亚大学研建了浪防波堤能量转换装置，可集成到防波堤中，工作原理为越浪式（图 5.14）。2015 年，在那不勒斯港沿 San Vincenzo 斜坡式堆防波堤安装了一个 6 m 长全比例样机，安装位置的水深约为 25 m。正在持续监测设备运行性能。

图 5.14　安装在那不勒斯港防波堤的 OBREC 发电装置

2021 年意大利海洋能在运行项目见表 5.2。

表 5.2　2021 年意大利海洋能在运行项目统计

项目名称	技术开发机构	地点	状况	类型	装机/MW
REWEC3@奇维塔韦基亚	雷焦卡拉布里亚地中海大学	第勒尼安海奇维塔韦基亚	运行	波浪	0.020
防波堤能源转换（OBREC）	意大利坎帕尼亚大学	第勒尼安海那不勒斯	运行	波浪	0.008
MaREnergy	ENI、Wave for Energy 公司、意大利都灵理工大学	亚得里亚海拉韦纳	运行	波浪	0.050
Marina di Pisa H-WEP 1	Enel Green Power 公司	第勒尼安海比萨	运行	波浪	0.050
GEMSTAR 示范项目	SeaPower Scrl 公司	第勒尼安海墨西拿	早期规划	潮流	0.300

项目名称	技术开发机构	地点	状况	类型	装机/MW
ISWEC revamp	ENI、Wave for Energy、意大利都灵理工大学	地中海潘泰莱里亚岛	计划2022年安装	波浪	0.250
ISWEC MED	ENI、Wave for Energy、意大利都灵理工大学	地中海潘泰莱里亚岛	计划2024年安装	波浪	1

五、墨西哥海洋能技术进展

墨西哥能源部和国家科学技术委员会设立了"能源转型和能源可持续利用基金"。2017年，通过该基金创建了墨西哥海洋能源创新中心（CEMIE-Océano），该中心2021年预算约为150万欧元。

CEMIE-Océano开发了低流速垂直轴潮流能机组样机，在墨西哥国立自治大学工程研究所完成水槽实验。在流速为1.2 m/s时，样机的输出功率为300 W，启动速度为0.8 m/s。计划2022年初改进设计，最终将在墨西哥科苏梅尔海峡进行安装。

2021年完成了墨西哥加勒比海的潮流能资源评估，在深海水域，使用经验证和调整后的中尺度数值模型（HYCOM）进行ADCP测量并开展资源评估；在浅海水域（20 m以浅），使用包含机组尺度分辨率和影响的嵌套数值模型（ROMS）进行测量，评估波浪和湍流的综合影响。编制完成了墨西哥"潮流能和洋流能资源图集"，并对加利福尼亚湾的潮流能资源进行了综合评估。

加勒比大学研发的OTEC-CC-MX-1kWe海洋能温差能样机正处于实验室测试阶段。该装置为闭式循环原理，使用R-152a作为工作流体，装机容量为1 kW（图5.15）。

图 5.15　加勒比大学的 OTEC-CC-MX-1kWe 样机

缩　略　语

AMETS　　Atlantic Marine Energy Test Site，大西洋海洋能试验场

BEIS　　Department for Business, Energy and Industrial Strategy，英国商业、能源和工业战略部

BiMEP　　Biscay Marine Energy Platform，比斯开海洋能试验场

BTTS　　（Marine Renewable Energy Collaborative）Bourne Tidal Test Site，海洋可再生能源联盟（MRECo）伯恩潮流能测试场

CfD　　Contract for Difference，差价合约固定电价

CHTTC　　Canadian Hydrokinetic Turbine Test Centre，加拿大水轮机测试中心

CORE　　Center for Ocean Renewable Energy，（新罕布什尔大学）海洋可再生能源中心

DanWEC　　Danish Wave Energy Center，丹麦波浪能中心

EMEC　　European Marine Energy Centre，欧洲海洋能源中心

EMFF　　European Maritime and Fisheries Fund，欧洲海事与渔业基金

FORCE　　Fundy Ocean Research Center for Energy，芬迪湾海洋能源研究中心

HINMREC　　Hawaii National Marine Renewable Energy Center，夏威夷国家海洋可再生能源中心

IEA OES　　International Energy Agency Ocean Energy System，国际能源署

海洋能系统

IEC	International Electrotechnical Commission，国际电工委员会
IRENA	International Renewable Energy Agency，国际可再生能源署
ISO	International Organization for Standardization，国际标准化组织
JPWETF	Jennette's Pier Wave Energy Test Facility，珍妮特码头波浪能试验场
KIOST	Korean Institute of Ocean Science and Technology，韩国海洋科学技术研究院
KRISO	Korea Research Institute of Ships and Ocean Engineering，韩国船舶与海洋工程研究所
KTEC	Korea Tidal Energy Center，韩国潮流能中心
K-WETS	Korea Wave Energy Test Site，韩国波浪能测试场
META	Marine Energy Test Area，META 海洋能试验场
MPS	Marine Power Systems，海洋动力系统公司
MTDZ	Morlais Tidal Demonstration Zone，MTDZ 潮流能试验场
OEE	Ocean Energy Europe，欧洲海洋能联盟
OPT	Ocean Power Technologies，海洋电力技术公司
OTECTS	Ocean Thermal Energy Conversion Test Site，海洋温差能试验场
PLOCAN	Oceanic Platform of the Canary Islands，加那利群岛海洋测试场
PMEC LW	Pacific Marine Energy Center Lake Washington，太平洋海洋能中心华盛顿湖试验场
PMEC NETS	Pacific Marine Energy Center North Energy Test Site，太平洋海洋能中心北部能源试验场
PMEC SETS	Pacific Marine Energy Center South Energy Test Site，太平洋海洋能中心南部能源试验场

PMEC TRHTS	Pacific Marine Energy Center Tanana River Hydrokinetic Test Site，太平洋海洋能中心塔纳纳河水动力试验场
PTO	Power Take-Off，动力输出装置
REC	Runde Environmental Centre，伦德环境中心
RO	Renewables Obligation，可再生能源义务
ROC	Renewable Obligation Certificate，可再生能源义务证
SEENEOH	Site Experimental Estuarial National pour Essai et Optimisation Hydroliennes，SEENEOH 潮流能试验场
SEM-REV	Site d'Essais en mer，SEM-REV 海洋能试验场
SNMREC	Southeast National Marine Renewable Energy Center，东南国家海洋可再生能源中心
STTS	Sentosa Tidal Test Site，圣淘沙岛潮流能试验场
TLP	Tidal Lagoon Power，潮汐潟湖电力公司
TTC	Tidal Test Centre，TTC 潮流能试验场
UKAS	United Kingdom Accreditation Service，英国皇家认可委员会
USACE FRF	U. S. Army Corps of Engineers Field Research Facility，美国陆军工程师团河流能试验场
WERC	Wave Energy Research Center，（加拿大北大西洋大学）波浪能研究中心
WES	Wave Energy Scotland，苏格兰波浪能计划
WETS	Wave Energy Test Site，美国海军波浪能试验场
WPTO	Water Power Technologies Office，水能技术办公室